供电所人员
应知应会必读

陕西省电力公司农电工作部　编

中国电力出版社
CHINA ELECTRIC POWER PRESS

内 容 提 要

为提升供电所人员业务技能和综合素质，解决日常工作中遇到的实际问题，采用"一问一答"的形式组织编写本书。

本书主要内容分为基础知识、安全生产、营销业务和供电所相关文化建设四大部分，涵盖了电工基础、安全规程、配电运行、维护与检修、营销业务、经济活动分析、法律法规常识以及标准化作业等供电所人员应掌握的业务知识。此外，对"三集五大"体系建设及供电所标准化、员工岗位成才等作了简要介绍。

本书可作为供电所人员的培训教材，也可作为供电所人员工作的参考书。

图书在版编目（CIP）数据

供电所人员应知应会必读/陕西省电力公司农电工作部主编. —北京：中国电力出版社，2013.4（2020.1 重印）
ISBN 978-7-5123-4261-3

Ⅰ.①供… Ⅱ.①陕… Ⅲ.①供电—基本知识 Ⅳ.①TM72

中国版本图书馆 CIP 数据核字（2013）第 060875 号

中国电力出版社出版、发行
（北京市东城区北京站西街 19 号 100005 http://www.cepp.sgcc.com.cn）
北京博图彩色印刷有限公司印刷
各地新华书店经售

*

2013 年 4 月第一版 2020 年 1 月北京第五次印刷
850 毫米×1168 毫米 32 开本 8 印张 200 千字
印数 37501—39500 册 定价 **30.00** 元

序

　　积极响应党的十八大提出的全面建成小康社会的宏伟目标，做好供电服务"三农"、服务民生工作，是陕西省电力公司贯彻落实科学发展观的重要体现，也是陕西省电力公司重大的政治责任、经济责任和社会责任。农电队伍作为承担服务"三农"、推动农电事业发展的重要力量，加强一线人员业务技能培训，打造高素质的新型农电队伍，做好农村供电服务工作、推动农电事业又好又快发展意义重大。

　　为提高供电所人员岗位技能、解决在日常工作中遇到的实际问题，陕西省电力公司根据电力行业职业技能鉴定、国家电网公司培训规范等要求，组织编写了《供电所人员技能操作培训教材》和《供电所人员应知应会必读》。

　　希望两本书的出版，能够为广大从事农电一线工作的朋友提供指导和帮助。通过培训和学习，为农村供电所人员和农村供电服务队伍业务素质的提升，为服务"三农"和服务民生提供更加规范到位的供电服务出一份力，为建设社会主义新农村和实现全面小康社会宏伟目标做出贡献。

王成文

2013 年 3 月 16 日

目 录

8

11

15

国家电网
STATE GRID

第一部分

基 础 知 识

1 什么叫短路，与断路有什么区别？短路会造成什么后果？

答 如果电源通向负载的两根导线不经过负载而直接接通，就发生了电源被短路的情况。这时电路中的电流可能增大到远远超过导线所允许的电流限度。

断路一般是指电路中某一部分断开，例如导线、电气设备的线圈等断线，使电流不能导通的现象。

短路会造成电气设备的过热，甚至烧毁电气设备，引起火灾。同时，短路电流还会产生很大的电动力，造成电气设备损坏，严重的短路事故甚至还会破坏电力系统的稳定。

2 什么是电阻的串联？串联的基本特点是什么？

答 在电路中，把几个电阻首尾相接的连在一起，各电阻中通过的是同一电流，这种接线方式就叫电阻的串联，其基本特点是：

(1) 各串联电阻中流过的电流是相同的。

(2) 电路中，电路两端的总电压等于各电阻的分电压之和。

(3) 串联回路的等效电阻等于各电阻之和。

(4) 串联回路中各个电阻两端的电压与它的阻值成正比。

3 什么是电阻的并联？并联的基本特点是什么？

答 在电路中，几个电阻共同接在两个节点之间，每个电阻两端承受的是同一电压，这种接线方式就叫电阻的并联，其基本特点是：

(1) 各电阻两端所承受的电压是相等的，并等于外加电压。

(2) 电路的总电流等于各支路电流之和。

（3）电路总电阻的倒数等于各支路电阻的倒数之和。

（4）并联电路中，通过各个电阻的电流强度与他们的阻值成反比。

4 什么是正弦交流电？其三要素是什么？

答 大小和方向都随时间按正弦规律作周期变化的电压和电流叫正弦交流电，简称交流电。其三要素是最大值、频率和初相角（位）。

5 什么叫有功功率、无功功率、视在功率、功率因数？它们之间有什么关系？

答 在交流电路中，电阻所消耗的功率叫有功功率。在交流电路中，电感和电容是不消耗功率的，它们只是与电源之间进行能量交换，而并没有真正消耗功率，它们与电源相互交换的能量就叫无功功率。视在功率就是电路中电压与电流的乘积。功率因数是在交流电路中电压与电流之间的相位差的余弦值，用符号 $\cos\phi$ 表示，功率因数在数值上是有功功率与视在功率的比值，功率因数的大小与电路中负荷性质有关，功率因数反应了做有功的电力在总电路中的比率。

有功功率、无功功率、视在功率三者可以用一个直角三角形来表示，这个三角形就叫功率三角形。其中三角形的斜边代表视在功率，三角形的两个直角边分别代表有功功率和无功功率，有功功率的边和斜边的夹角就叫功率因数角。

6 什么是相电压和线电压？什么是相电流和线电流？

答 在交流电路中，每相负载两端的电压叫相电压。任意两根相线之间的电压叫线电压。流过每相负载的电流叫相电流。在三相负载中，端线上流过的电流叫线电流。

7 什么是相线、中性线？

答 从三相绕组的三个端头（譬如变压器低压侧三个相线接线柱）引出的三根导线叫相线；从星形接法的三相绕组的中性点

（譬如变压器低压侧中性线接线柱）引出的导线叫中性线。

8 什么叫相序？

答 相序是指三相交流电压依次达到最大值或零值的先后顺序。

9 什么是中性点位移和中性点位移电压？

答 在星形接线的供电系统中，电源的中性点与负载的中性点之间产生电位差叫做中性点位移；这两点之间的电位差就叫中性点位移电压。

10 测量电流时负载为什么要与电流表串联？测量电压时负载为什么要与电压表并联，如果接错将发生什么后果？

答 测量电流时必须将电流表与负载串联，因为串联电路中电流处处相等，因此通过电流表的电流就是需要测定的负载电流。如果接错，将电流表与负载并联，则因为电流表的内阻很小，在负载的作用下，将通过较大的电流，很可能使电流表烧坏。

测量电压时，必须将电压表与负载并联，因为并联电路中任一支路两端的电压相等，电压表两端的电压就是负载电压。如果将电压表与负载串联就不能测量出负载电压。

11 电工仪表误差分几类？

答 （1）基本误差：仪表在正常工作条件下，由于结构、工艺等方面不够完善而产生的误差，称为仪表的基本误差。

（2）附加误差：当仪表的工作偏离了规定的正常工作条件，如温度、频率、波形等的变化超出了许可范围，工作位置不正确或在外电场影响下，都会造成额外误差，这种外界工作条件的改变造成的额外误差，称为仪表的附加误差。

12 在配电系统中三相和单相负荷的连接原则是什么？

答 三相负荷的连接方式，分为星形和三角形两种。当负荷的额定电压等于电源的相电压（即电源线电压的 $1/\sqrt{3}$ 倍）时，负荷应接成星形；当负荷的额定电压等于电源的线电压时，应接成三角形。对于三相负荷，也是根据它的额定电压等于电源电压的原则确定应接入线电压。单相负荷应尽量均匀地分配在三相上，使三相电源上分配的负荷尽量平衡。

13 对称三相电源的特点是什么？

答　特点有以下几点：

（1）对称三相电动势最大值相等，角频率相同，相位互差 $120°$。

（2）三相对称电动势的相量和等于零。

（3）三相对称电动势在任一瞬间的代数和等于零。

14 什么是电气设备的额定电压、额定电流和额定功率？

答　允许电气设备在一定时间内安全工作的最大电压、电流和功率，分别叫做额定电压、额定电流和额定功率，一般用 U_e、I_e、P_e 表示。

15 在低压供电系统中，三相四线制供电较三相三线制供电有何优点？

答　（1）采用三相四线制低压供电系统，可以获得线电压与相电压两种电压，这对于用电者来说比较方便。所以在供电系统中，常采用动力与照明混合供电，也就是说将 $380V$ 线电压供于三相电动机使用，$220V$ 相电压供于照明及单相负载用。而三相三线制只能提供线电压。

（2）在三相四线制中负载不对称时，因中性线的阻抗很小，所以能够消除因三相负载不对称时中性点的位移，从而能保证负载的正常工作。而三相三线制只适用于三相对称负载。

16 什么叫接地？接地分几种？接地与线路"接地"的区别是什么？

答　（1）电力设备、杆塔或过电压保护装置用接地线与接地体的连接叫做接地。

（2）接地按目的可分为五种。即工作接地、保护接地、过电压保护接地、重复接地和防静电接地。

（3）接地是人为防止人身和设备安全而设置的。而通常我们所说的线路"接地"是导线与大地、树木、杆塔等相接触，这种接地是与人们的意愿相反的，它反映出线路是处于故障状态，使线路跳闸接地。当线路发生故障接地时，会使线路保护跳闸或非故障相电压升高以及会给人们带来危害。

17 什么是跨步电压？什么是接触电压？

答 电气设备发生接地故障，接地电流通过接地体向大地流散，这时如果有人在接地短路点周围行走，两脚之间（人的跨步一般按0.8m考虑）的电位差，叫做跨步电压。接触电压是指人站在发生接地短路故障的设备旁边，距设备水平距离0.8m，这时人手触及设备外壳（距地面1.8m的高处），手与脚之间呈现的电压差叫做接触电压。

18 什么叫供电可靠率？

答 供电可靠率是保证客户可靠用电的一项重要指标，供电系统用户供电可靠率，是指供电系统对客户连续供电的能力，反映了供电系统对社会电能需求的满足程度，是规划、设计、基建、施工、设备选型、生产运行、供电服务等方面的质量和管理水平的综合体现。

19 电网电压合格率是什么？农村电网电压合格率质量标准是什么？

答 电压合格率是指在电网运行中，一个月内监测点电压在合格范围内的时间总和与月电压检测总时间的百分比。

380V电力客户电压允许偏差值为系统电压额定电压的±7％；220V电力客户电压允许偏差值为系统电压额定电压的+7％～−10％。对电压质量有特殊要求的客户，供电电压允许偏差值及其合格率由供用电协议确定。

20 什么是隔离开关？

答 具有明显可见断开点的开关，静、动触头一般直接暴露在空气中，不配置复杂的灭弧装置，可用于通断有电压而无负荷的电路，并充分进行接通和断开空载的短线路、电压互感器及有限容量的空载变压器的开关称为隔离开关。

21 接户线的定义是什么？

答 架空绝缘配电线路与客户建筑物外第一支持物（或产权分界隔离开关处）之间的一段线路，叫接户线。

22 什么是供电营业区？

答 供电企业经政府主管部门批准可向电力客户销售电能的营业范围，即为供电营业区。

23 什么是购电量？

答 电网经营企业从独立发电企业、其他电网经营企业、自备发电厂购入的电量叫做购电量。

24 什么是供电量？

答 供电量是指供电生产过程中投入的全部电量。计算公式为：地区供电量＝本地区电厂上网电量＋输入电量－输出电量。

25 什么是售电量？

答 供电企业通过电能计量装置测定并记录的各类电力客户消耗使用的电能量的总和叫做售电量。

26 什么是线路损失电量？

答 供电企业在整个供电生产过程中的送变电设备的生产消耗和不明损失统称为线路损失电量。

27 什么是线路损失率？

答 线路损失率是指供电企业在供电生产过程中耗用和损失

的电量占供电量的比率，是反映用电管理与技术管理工作水平的综合性技术经济指标。

28 什么是有功负荷？

答　有功负荷又叫有功功率，是指电能转换成其他能量，并在用电设备中消耗的功率。

29 什么是用电容量？

答　用电容量是指客户用电设备额定功率的总和，也叫客户受电容量。

30 什么是用电负荷？

答　各电力客户在某一瞬间所消耗的电力之和就是客户的用电负荷。

31 农电安全生产的关键环节是什么？有何措施？

答　关键环节是现场作业的安全措施是否到位，施工人员和管理人员的安全责任是否落实到位。其措施就是严格执行《陕西省电力公司农配网现场作业标准化指导书》、严格执行"两票三制"、坚决落实"三防十要"反事故措施。

32 使用安全工器具应注意哪些事项？

答　使用安全工器具应注意以下事项：

（1）每次使用之前，必须认真检查。如检查安全用具表面有无损伤，绝缘手套、绝缘靴有无裂缝，绝缘垫有无破洞，安全用具上的瓷件有无裂纹等。

（2）使用前应将安全用具擦拭干净，验电器使用前要做检查，以免使用中得出错误结论，造成事故。

（3）使用完的安全用具，要擦拭干净，放到固定的位置，不可随意乱扔乱放，也不准另做他用，更不能用其他工具代替安全用具。

（4）安全用具应有专人负责妥善保管，防止受潮，防止脏污

7

和损坏。

33 什么是工作票?

答 工作票是依据工作计划,执行电气设备设施的安装、检修、试验、消缺、维护等工作的作业文件。根据工作条件分别填用电力线路第一种工作票、电力线路第二种工作票、低压第一种工作票、低压第二种工作票等。

34 什么是操作票?适用范围有哪些?

答 因工作内容及要求,当电气设备由一种状态转换到另一种状态或改变电力系统的运行方式时,需要进行一系列的操作,这种操作叫电气设备的倒闸操作。《安规》规定除事故应急处理和拉合断路器的单一操作可不使用操作票外,其余倒闸操作必须使用操作票。

35 哪些工作需要填写第一种工作票?

答 (1)在停电的线路或同杆(塔)架设多回线路中的部分停电线路上的工作。

(2)在全部或部分停电的配电设备上的工作。所谓全部停电,系指供给该配电设备上的所有电源线路均已全部断开者。

(3)高压电力电缆需要停电的工作。

(4)在直流线路停电时的工作。

(5)在直流接地极线路或接地极上的工作。

36 哪些工作可以按口头或电话命令执行?

答 (1)测量接地电阻。

(2)修剪树枝。

(3)杆、塔底部和基础等地面检查、消缺工作。

(4)涂写杆塔号、安装标示牌等,工作地点在杆塔最下层导线以下,并能够在 10kV 及以下线路上工作保持 1.0m 安全距离的工作。

(5)接户、进户装置上的低压带电工作和单一电源低压分支线的停电工作。

37 完成工作许可手续后，对工作负责人有哪些要求？

答 （1）工作负责人应向全体工作班人员交代工作内容、人员分工、带电部位和现场安全措施、进行危险点告知，并履行确认手续，工作班方可开始工作。

（2）工作负责人、专职监护人应始终在工作现场，对工作班人员的安全进行认真监护，及时纠正不安全行为。

（3）分组工作时，每个小组应指定小组负责人（监护人）。

（4）在线路停电工作时，工作负责人在班组成员确无触电危险的条件下，可以参加工作班工作。

38 工作完成后，工作负责人必须做哪些工作？

答 （1）完工后，工作负责人（小组负责人）必须检查线路检修地段的状况，确认在杆塔上、导线上、绝缘子串上及其他辅助设备上没有遗留的个人保安线、工具、材料等。

（2）查明全部工作人员确由杆塔上撤下后，命令拆除接地线。

（3）接地线拆除后，即认为线路带电，不准任何人再登杆进行任何工作。

39 工作票签发人的安全责任是什么？

答 工作票签发人安全责任：

（1）工作的必要性和安全性。

（2）工作票上所填安全措施是否正确完备。

（3）所派工作负责人和工作班成员是否适当和充足。

40 工作负责人的安全责任是什么？

答 工作负责人安全责任：

（1）正确安全地组织工作。

（2）负责检查工作票所列安全措施是否正确完备和工作许可人所做的安全措施是否符合现场实际条件，必要时予以补充。

（3）工作前对工作班成员进行危险点告知，交代安全措施和技术措施，并确认每一个工作班成员都已知晓。

（4）严格执行工作票所列安全措施。

（5）督促、监护工作班成员遵守本规程、正确使用劳动防护用品和执行现场安全措施。

（6）工作班成员精神状态是否良好，变动是否合适。

41 工作班成员的安全责任是什么？

答 工作班成员安全责任：

（1）熟悉工作内容、工作流程，掌握安全措施，明确工作中的危险点，并履行确认手续。

（2）严格遵守安全规章制度、技术规程和劳动纪律，对自己在工作中的行为负责，互相关心工作安全，并监督本规程的执行和现场安全措施的实施。

（3）正确使用安全工器具和劳动防护用品。

42 各类作业人员应接受哪些相应的安全生产教育和考试？

答 （1）作业人员对电力安全工作规程应每年考试一次。

（2）因故间断电气工作连续三个月以上者，应重新学习电力安全工作规程，并经考试合格后，方能恢复工作。

（3）新参加电气工作的人员、实习人员和临时参加劳动的人员，应经过安全知识教育后，方可下现场参加指定的工作。

（4）外单位承担或外来人员参与公司系统电气工作的工作人员应熟悉电力安全工作规程、并经考试合格，方可参加工作。

43 值班人员汇报的主要内容是什么？

答 （1）发生了重要用户（政治用户、中央领导办公或住所、新闻媒体办公场所等可能造成重大影响的场所）停电事故。

（2）由于供电公司设备的原因，造成重大人身伤亡、火灾事故。

（3）大面积或重要地区停电故障 1h 以上未处理的。

（4）发生了重要地区（指中心区、政治活动场所及繁华商业区）较大范围的停电事故。

（5）公司有关领导下达或过问的地区停电。

（6）行风监督员、新闻媒体或某些敏感职业人士过问的地区停电。

44 供电所标准化作业的程序有哪些？

答 （1）前期勘察。

（2）工作前准备。

（3）现场安全技术措施落实。

（4）工作许可。

（5）现场持卡作业。

（6）工作验收。

（7）工作终结。

（8）拆除安全技术措施。

（9）召开班后会。

45 现场标准化作业使用指导书、卡怎样使用？

答 （1）安全风险较高、参与人员多、技术含量较高（含采用新工艺、新的施工方法）的作业采用现场标准化作业指导书。

（2）安全风险较低、参与人员少、日常作业采用指导卡。

46 安全电流值和安全电压值是怎样确定的？

答 安全电流值和安全电压值是根据接触时对人体无危害和伤害为原则确定的。

47 电流对人体有哪些伤害？

答 人体接触一定量值的电压而形成回路时，就会有电流通过人体内部组织，破坏呼吸、心脏和神经系统，产生心室纤维震颤、心肌麻痹、胸膈肌强烈收缩导致死亡。电流对人体的伤害主要有电击和电流灼伤两种。

48 触电伤害程度与哪些因素有关?

答 (1)触电电流数值和触电持续时间。

(2)触电者的电阻大小。

(3)电流频率和电压高低。

(4)电流通过途径。

(5)身体状况。

49 导致人体触电的原因有哪些?

答 (1)电气设备安装不合格,维修不及时。

(2)电气设备受潮或绝缘受到损坏。

(3)电气设备布线不合理。

(4)工作中不注意安全。

(5)普及安全用电常识不够。

50 人体触电的种类有哪些?

答 (1)单相触电。

(2)两相触电。

(3)跨步电压触电。

(4)接触电压触电。

(5)雷击触电。

51 发生人员触电受伤,什么情况下用心肺复苏法进行紧急救护?

答 要认真观察伤员全身情况,防止伤情恶化。发现伤员意识不清、瞳孔扩大无反应、呼吸、心跳停止时,应立即在现场就地抢救,用心肺复苏法支持呼吸和循环,对脑、心重要脏器供氧。

52 紧急救护的基本原则是什么?

答 紧急救护的基本原则是在现场采取积极措施,保护伤员的生命,减轻伤情,减少痛苦,并根据伤情需要,迅速与医疗急救中心（医疗部门）联系救治。急救成功的关键是动作快，操作正确。任何拖延和操作错误都会导致伤员伤情加重或死亡。

53 **心肺复苏抢救的三项基本措施是什么？**

答 畅通气道；口对口（鼻）人工呼吸；胸外按压。

54 **触电急救中，当采用胸外按压进行急救时，应如何进行？**

答 触电急救中，当采用胸外按压进行急救时，要以均匀速度进行，每分钟 120 次，每次按压和放松的时间要相等。

55 **心肺复苏急救进行多长时间后可以进行效果判定？**

答 按压吹气 2min 后（相当于单人抢救时做了 5 个 30：2 压吹循环），应用看、听、试方法在 5～10s 时间内完成对伤员呼吸和心跳是否恢复的再判定。

56 **预防触电有哪些措施？**

答 （1）使用电气设备时，严格遵守操作规程。

（2）根据生产现场情况，合理选择 12～36V 的安全电压。

（3）必须做好保护接地工作。

（4）严格遵守带电作业工作规程。

（5）对设备定期检查，做好预防性试验，及时排除隐患。

（6）在潮湿和露天场合安装用电设备要加装漏电保护器。

（7）加强安全用电常识宣传普及。

第二部分

安 全 生 产

一、线路运行与维护

1 电力线路巡视分为哪几类？

答 电力线路设备巡视分为定期巡视、夜间巡视、特殊巡视、故障巡视和监察性巡视。

2 电力线路设备的定期巡视周期是什么？

答 一般高压线路每月一次，低压线路每周一次。

3 电力线路设备巡视项目有哪些？

答 架空线路（包括线路通道）、开关设备（包括柱上开关、隔离开关、跌落式熔断器）、配电变压器、电容器等。

4 电力线路巡视的目的是什么？

答 （1）掌握线路及设备运行情况，包括观察沿线的环境状况，做到心中有数。

（2）发现并消除缺陷，预防事故发生。

（3）提供详实的线路设备检修的内容。

5 电力线路设备巡视的安全规定有哪些？

答 （1）巡视工作应由有电力线路工作经验的人员担任。单独巡视人员应考试合格并经工区（公司、所）分管生产领导批准。电缆隧道、偏僻山区和夜间巡线应由两人进行。汛期、暑天、雪天等恶劣天气巡视，必要时由两人进行。单人巡线时，禁止攀登电杆和铁塔。遇有火灾、地震等灾害发生时，如需对线路巡视，应制定必要的安全措施，并得到设备运行管理单位分管领导的批准。巡视至少两人进行，并与派出部门保持通讯联络。

（2）雷雨、大风天气或事故巡线，巡视人员应穿绝缘鞋或绝缘靴；汛期、暑天、雪天等恶劣天气和山区巡线应配备必要的防护用具、自救器具和药品；夜间巡线应携带足够的照明工具。

（3）夜间巡线应沿线路的外侧进行；大风时，巡线应沿线路的上风侧前进，以免万一触及断落的导线；特殊巡视应注意选择路线，防止洪水、塌方、恶劣天气等对人的伤害。巡线时禁止泅渡。事故巡线应始终认为线路带电。即使明知该线路已停电，亦应认为线路随时有恢复送电的可能。

（4）巡线人员发现导线、电缆断落地面或悬挂在空中，应设法防止行人靠近断线地点 8m 以内，以免跨步电压伤人，并迅速报告调度和上级主管部门，等候处理。

（5）进行配电设备巡视的人员，应熟悉设备的内部结构和接线情况，巡视检查配电设备时，不准越过遮拦或围墙。进出配电设备室应随手关门，巡视完毕应上锁。单人巡视时，禁止打开配电设备柜门、箱盖。

6 砍剪树木时，为了防止树木向下弹跳接近导线可采取的措施包括哪些？

答 （1）砍剪树木前先观察地形，确定倒树方向。

（2）砍剪树木前，在树木合适位置牢固绑上牵引绳，由专人指挥，组织足够人员控制树木断落方向，缓慢放倒树木。

（3）不宜将树木一次性全部砍断，留 5%～10% 待放倒树后再断开，防止树根部弹跳。

（4）砍剪可能倒伏在导线上的树木时，宜采取分段截断的方法，必要时将该线路停电。

7 缺陷分为哪几类，如何划分？

答 （1）紧急缺陷。指线路、设备缺陷直接影响线路、设备安全运行、威胁人身安全。随时有事故发生，必须迅速处理的缺陷。

（2）重大缺陷。指线路、设备有明显损坏、变形，近期内可能影响线路设备和人身安全。

（3）一般缺陷。指线路、设备状况不符合规程要求，但近期不影响线路、设备和人身安全。判断标准是不够重大缺陷者为一般缺陷。

8　紧急缺陷判断标准是什么？

答　（1）导线、地线断股、损伤、锈蚀到需要切断重接的程度。

（2）导线、地线压接管明显抽动或发热变色。

（3）跳线连接点温度超过允许值，且已变色。

（4）导线上挂有长异物，极易造成接地或短路。

（5）承力拉线破坏，随时有可能造成倒杆者；杆塔倾斜严重，随时有倾倒的可能。

（6）导线对被交叉跨越物的距离大大低于规定值，有引起放电的可能。

（7）球头锈蚀严重，使绝缘子串随时有脱落的危险。

（8）其他随时有可能造成线路故障和人身安全的缺陷。

9　缺陷管理首先要做好哪些工作？

答　缺陷管理首先要做好缺陷记录工作。巡线人员发现缺陷后，要及时做好缺陷记录，缺陷记录是巡线人员的工作记录本，通过记录情况可以考核各巡线人员的工作优劣。

10　事故处理的"四不放过"原则是什么？

答　事故原因不清楚不放过；事故责任者和应受教育者没有受到教育不放过；没有采取防范措施不放过；事故责任者没受到处罚不放过。

11　什么是农电安全反"六不"？

答　开展以反"六不"为主要内容的反人身事故斗争，"六不"严重违章行为包括：

（1）不办工作票。

（2）作业前不交底。

（3）现场不监护。

（4）作业不停电。

（5）不验电。

（6）不挂接地线。

12 "三防十要"内容是什么？

答 三防是指防止触电伤害、防止高空坠落伤害、防止倒（断）杆伤害。

十要包括以下内容：

（1）工作前要勘察工作现场，提前进行危险点分析和预控。

（2）检修、施工要使用工作票；作业前进行现场安全交底。

（3）施工现场要进行专人监护，严把现场安全关。

（4）电气作业要先进行停电，验明无电压后装设接地线。

（5）高空作业要戴好安全帽，脚扣登杆要全过程系好安全带。

（6）梯子等高要有专人扶守，必须采取防滑、限高措施。

（7）人工立杆要使用抱杆，必须由专人进行统一指挥。

（8）撤杆、撤线要先检查杆基，必须加设临时拉线或晃绳。

（9）交通要道施工要双向设置警示标志，并设专人看守。

（10）放、撤线临近或跨越带电线路要使用安全绝缘牵引绳。

13 正常巡视线路时对电杆、横担及拉线应检查哪些内容？

答 （1）电杆：有无歪斜、基础下沉、裂纹及露筋情况，并检查标示的线路名称及杆号是否清楚。

（2）横担：是否锈蚀、变形、松动或严重歪斜。

（3）拉线：有无松动、锈蚀、断股等现象，拉线地锚有无松动、缺土及土壤下陷等情况。

14 正常巡视线路时对接户线应检查哪些内容？

答 应查看接户线与线路接续情况。

接户线的绝缘层应完整，无剥落、开裂等现象，导线不应松弛、破旧，与主导线连接处应使用同一种金属导线。

接户线的支持物应牢固，无严重锈蚀、腐朽现象，绝缘子无损坏。其线间距离、对地距离及交叉跨越距离符合技术规程的规定。

对三相四线低压接户线，在巡视相线触点的同时，应特别注意中性线是否完好。

15 正常巡视线路时对开关和断路器应检查哪些内容？

答 （1）线路各种开关：安装是否牢固，有无变形。指示标志是否明显正确。

（2）隔离开关：动、静触头接触是否良好，是否过热。各部引线之间、对地的间隔距离是否符合规定。

（3）引线与设备连接处有无松动、发热现象。瓷件有无裂纹、掉渣及放电痕迹。

16 正常巡视线路时对线路附近其他工程应检查哪些内容？

答 有无其他工程妨碍或危及线路的安全运行；柴物堆积、各种天线、烟囱是否危及安全运行；线路附近的树木、树枝与导线的间隔距离有无不合格之处；相邻的电力、通信、索道、管道的架设及电缆的敷设是否影响安全运行；河流、沟渠边缘杆塔有无被水冲刷、倾倒的危险；沿线附近是否有污染源。

17 电力设备的检修应遵循哪些原则？

答 （1）贯彻"预防为主"的检修方针，做到"应修必修，修必修好"的原则。

（2）检修计划要按电网统一安排，搞好协调配合，减少设备停运时间，提高电网运行可靠性和设备可用率。

（3）设备检修要与技术更新相结合，针对设备存在缺陷和电网不断发展完善的需要，做出设备更新改造计划，有计划地结合检修进行。

18 低压架空线路对地距离和交跨距离具体要求是什么？

答 针对不同地区应满足表2-1要求。

表 2 - 1 　　　　　低压架空线路对地距离和交跨距离

交跨对象	交跨方位	裸导线/m	绝缘导线/m
集镇、村庄	垂直	6	6
田间（非居住区）	垂直	5	5
交通困难地区	垂直	4	4
步行可达到的山坡	垂直	3	3
步行不能达到的山坡、峭壁	垂直	1	1
通航河流的常年高水位	垂直	6	6
通航河流最高航行水位最高船桅顶	垂直	1	1
不能通航的河湖水面	垂直	5	5
不能通航的河湖最高洪水位	垂直	3	3
建筑物	垂直	2.5	2
	水平	1	0.2
树木	垂直	1.25	0.2
	水平	1.25	0.5
弱电线路	垂直	1	1
	水平	1	1
1kV 以下	垂直	1	1
	水平	2.5	2.5
6～10kV 线路	垂直	2	2
	水平	2.5	2.5
35～110kV 线路	垂直	3	3
	水平	5	5
220kV 线路	垂直	4	4
	水平	7	7
330kV 线路	垂直	5	5
	水平	9	9

二、配电设备

1 刀开关的用途分为哪几类?

答 刀开关是一种带有刀刃楔形触头的、结构比较简单的开闭电路的电器,主要作用是为配电设备隔离电源,也可用于不频繁的接通与分断额定电流以下的负荷。

2 刀开关分为哪几类?

答 刀开关按极数划分,有单极、双极和三极三种;按操作方式划分,有手柄直接操作、杠杆式操作、气动操作、电动操作四种;按合闸方向划分,有单投和双投两种。

3 刀开关的安装与运行有哪些注意事项?

答 (1)刀开关应垂直安装在开关板或条架上,使夹座位于上方,以避免在分断位置由于刀架松动或闸刀脱落而造成误合闸(特别是中央手柄式)。

(2)合闸时要三相同步,各相触头接触良好。倘若有一相接触不良,就可能造成电动机缺相运行而损坏。

(3)按产品使用说明书规定的分断负荷能力使用,严重的过负荷将会引起持续燃弧,甚至造成相间短路,损坏开关。

(4)没有灭弧罩的开关不应分断带电流的负荷,只能作隔离开关用。当分断电路时,应首先拉开能切合负荷的开关,后拉开刀开关(隔离开关),合闸时的顺序与分断相反,先合上刀开关或隔离开关。

4 熔断器的用途和特点是什么?

答 熔断器是一种最简单的保护电器。在农村,配电变压器高、低压侧均装有熔断器作为短路保护,以防止短路电流对变压器的损害。另外,各种动力和照明装置也常常采用熔断器作为短路故障或连续过负荷的保护装置。

熔断器是当电流超出限定值借助熔体熔化而分断电路的,它是一种用于过负荷和短路保护的电器。熔断器的最大特点是结构简单、体积小、质量轻、使用维护方便、价格低廉、可靠性高，具有较大的实用价值和经济意义。

5 常用的熔断器有哪几种？

答 户外低压熔断器和户内低压熔断器。

6 熔断器的熔体如何选择？

答 （1）配电变压器高压侧熔丝按高压侧额定电流的 2～2.5 倍选择，100kVA 以下的配电变压器按 1.5～2 倍选择，最小不能低于 3A。

（2）配电变压器低压侧熔丝按低压侧额定电流略大一些即可。

（3）配电变压器低压侧如采用手动开关时，其分断电流能力不应小于变压器低压侧额定电流的 1.5 倍。

（4）配电变压器低压侧总开关和熔断器的额定电流及额定电压不应小于变压器电流及工作电压。

（5）配电变压器低压侧如采用自动开关和熔断器配合时，分断电流的能力应大于变压器低压侧出口处的短路电流值。

（6）配电变压器低压侧熔断器熔丝和自动脱扣器应按下述要求互相配合，即熔断器若作为过载保护装置时，熔丝额定电流应等于变压器的额定电流；脱扣器的额定电流不应小于变压器的额定电流，一般为额定电流的 6～10 倍；过负荷保护脱扣器的整定电流值，一般等于变压器的额定电流值。

（7）分支线开关的额定电流和分断电流，不应小于分路的最大工作电流。

（8）分路开关脱扣器的整定电流值和熔断器熔丝的额定电流，应按分路负荷电流选择，其值应小于总开关脱扣器的整定电流或熔断器熔丝的额定电流。

（9）分路开关脱扣器的整定值应比总开关脱扣器时间整定值小 0.5～0.7s，分路熔丝比总熔丝应相差 1～2 级。

7 熔断器的安装要求有哪些？

答 （1）安装熔体时必须保证接触良好，并应经常检查。如果接触不良使接触部位的过热传至熔体，使熔体温度升高，就会造成误动作。有时因接触不良产生火花也会干扰弱电装置。

（2）熔断器及熔体均需要安装可靠，防止因缺相使电动机烧毁。

（3）拆换熔断器时，要检查新熔体的规格和形状是否与被更换的熔体一致。

（4）安装熔体时，熔体不能有机械损伤，否则相当于截面变小，电阻增加，保护性变小。

（5）检查熔体发现氧化腐蚀时，应及时更换新熔体。一般应保存必要的备件。

（6）熔断器周围介质温度应与被保护对象的周围介质温度基本一致，防止相差太大使熔断器发生误动作。

8 熔断器的常见故障及处理方法有哪些？

答 （1）接触部分发热：根据发热情况降低负荷或停电，针对缺陷进行处理。

（2）瓷件损伤或断裂：应停电处理，安装角度不当时，应调整安装角度符合垂直倾斜角度为 $20\sim25°$。

（3）瓷件闪络：应停电更换因过电压击穿的瓷件；有污时应及时清理，有污严重的地区应装设防污型瓷件；缩短清扫周期。

（4）上鸭嘴和下部接触处喷火，熔丝未断便跌落：应停电调整熔丝长度、更换簧片或者应重新合闸。

（5）变压器低压侧正常运行时，熔丝熔断：应停电更换恰当的熔丝，安装熔丝时注意不得使其受损。

（6）户外低压熔断器瓷件断裂：如果是由于制造质量不良或外力破坏，应停电处理；如果是由于过热引起，应查明并消除过热原因后，再更换瓷件。

（7）接线端子发热：连接端子时应注意导线要处理干净，螺丝必须拧紧，并避免铜铝接触。

（8）熔丝（片）在正常情况下熔断：应停电检查熔丝（片），并调换合适的熔丝（片），在安装时应注意不使熔丝（片）受损。

9 剩余电流动作保护器的选择、装配的原则是什么？

答 （1）剩余电流总保护器采用组合式保护器，且电源的控制开关应采用带分断脱扣器的低压断路器。

（2）剩余电流中级保护及三相动力电源的剩余电流末级保护，宜采用剩余电流、短路及过负荷保护功能的剩余电流断路器。

（3）单相剩余电流末级保护，宜选用剩余电流保护和短路保护器为主的剩余电流断路器。

（4）剩余电流断路器。组合式剩余电流动作保护器的电源控制开关，其通断能力应能可靠地分断安装处可能发生的最大短路电流。

10 保护器安装后应进行哪些投运试验？

答 （1）必须按产品说明书的接线图认真查线，确认安装接线正确，方可通电试验。

（2）用试验按钮试跳三次，应正确动作。

（3）各相用试验电阻（一般为 1～2kΩ）接地试跳 3 次，应正确动作。

（4）带负荷分合三次，不得误动作。

11 剩余电流动作保护器运行管理单位应对其定期进行哪些动作特性试验？

答 （1）测试剩余动作电流值。

（2）测试分断时间。

（3）测试极限不驱动时间。

12 剩余电流动作保护器选择总保护额定剩余动作电流原则是什么？

答 （1）额定剩余动作电流选择应以实现间接接触保护为主。

23

（2）在躲过低压电网正常泄漏电流情况下，额定剩余动作电流应尽量选小，以兼顾人身和设备安全的要求。

13 装在进户线的剩余电流动作保护器对室内绝缘电阻有哪些要求？

答　室内绝缘电阻：晴天不应小于 0.5MΩ，雨天不应小于 0.08MΩ。

14 剩余电流动作保护器的安装方式有哪几种？

答　（1）安装在电源中性点接地线上；安装在电源进线回路上；安装在各条配电出线回路上。

（2）剩余电流末级保护可装在接户或动力配电箱内，也可装在用户室内的进户线上。

15 农村低压电网选用三级保护时，额定剩余动作电流如何确定？

答　见表 2-2。

表 2-2　　　　　三级保护时，额定剩余动作电流　　　　单位：mA

三级保护	总保护	中级保护	末级保护
额定剩余动作电流	200～300	60～100	≤30

家用电器、固定安装电器、移动式电器及临时用电设备为 30mA；手持式电动器具为 10mA；特别潮湿的场所为 6mA。

16 剩余电流动作保护器动作电流、分断时间如何确定？

答　见表 2-3。

表 2-3　　　　　剩余电流动作保护器动作电流、分断时间

三级保护	总保护	中级保护	末级保护
额定剩余动作电流/mA	200～300	60～100	≤30
最大分断时间/s	0.5	0.3	≤0.1

17 开启式负荷开关的用途是什么？

答 开启式负荷开关适用于交流频率 50Hz、电压 380V、电流 60A 及以下的电路中，可作为小容量配电变压器低压侧总开关、分路开关及小容量电动机全压启动开关使用。

18 铁壳负荷开关的用途是什么？

答 铁壳负荷开关是一种开关盒和熔断器组成的负荷开关，带有灭弧装置，并有钢板防护外壳，适于作低压电网中配电变压器低压侧总开关、分路开关和小型电动机的启动设备。选用时应按负荷额定电流的 2～3 倍选择。

19 配电箱分为哪几类？

答 台墩式变台的配电箱，杆架式变台的配电箱，落地式配电箱。

20 配电箱安装的技术要求是什么？

答 （1）配电箱的外壳应采用不小于 2.0mm 厚的冷钢板制作并进行防锈处理，有条件也可以采用不小于 1.5mm 厚的不锈钢材料制作。

（2）配电箱外壳的防护等级，应根据安装场所环境确定，户外型配电箱应采取防止外部异物插入触及带电导体的措施。

（3）配电箱的防触电保护类别应为Ⅰ类或Ⅱ类。

（4）箱内安装的电器，均应采用符合国家标准规定的定型产品。

（5）箱内各电器之间以及它们对外壳的距离，应能满足电气间隙、爬电距离以及操作所需的间隔。

（6）配电箱的进出引线，应采用具有绝缘护套的绝缘电线或电缆，穿越箱壳时加套管保护。

（7）室外配电箱应牢固安装在支架或基础上，箱底距离地面高度不低于 2.5m，并采取防止攀登的措施。

（8）室内配电箱可落地安装，也可明装或暗装于墙壁上，落地安装的基础高出地面 50～100mm。暗装于墙壁上时，箱底距地面 1.4m，明装于墙壁上时，箱底距地面 1.2m。

21 配电室建筑设计要求有哪些？

答 （1）配电室的长度超过 7m 时应设两个出口，并应布置在配电室两端，门应向外开启；成排布置的配电屏其长度超过 6m 时，屏后通道应设两个出口，并宜布置在通道的两端。配电室内部净高不得低于 3m。

（2）配电室内的维护通道，当固定式配电屏为单列布置时，屏前通道为 1.5m；当固定式配电屏为双列布置时，屏前通道为 2.0m；屏后和屏侧维护通道为 1.0m，有困难时可减为 0.8m。

22 配电室进出线的安装要求有哪些？

答 （1）配电室进出线可架空明敷或埋地暗敷。明敷宜采用耐气候型电缆或聚氯乙烯绝缘电线，暗敷宜采用电力电缆或农用直埋塑料绝缘护套电线。

（2）架空明敷用耐气候型绝缘电线时，其电线支架应用不小于 40mm×40mm×4mm 的角钢制作，电线穿墙时，绝缘电线应套保护管，进出引线的室外应做滴水弯，滴水弯最低点距离地面不应小于 2.5m。

（3）采用直埋塑料绝缘塑料护套电线时，应在冻土层以下且不小于 0.8m 处敷设，引上线从地面以下 0.8m 的部位开始直到地面以上的部位应有保护套。

（4）采用低压电缆作出线时，直埋电缆的深度不应小于 0.7m；在支架上敷设时，支架间距离不应小于水平敷设为 0.8m、垂直敷设为 1.5m。

（5）配电室进出引线的导体截面应按允许截流量选择，主进回路按变压器低压侧额定电流的 1.3 倍计算，引出线按该回路的计算选择。

23 低压配电盘安装的方法有哪几种？

答 螺丝固定法，焊接固定法。

24 低压配电盘安装要求是什么？

答 （1）垂直度，偏差不大于 1.5mm/m。

（2）水平度，相邻两盘顶部偏差不大于 1mm，成排盘顶部不大于 3mm。

（3）盘面不平度，相邻两盘面偏差不大于 1mm，成排盘面不大于 5mm。

（4）盘间接缝应小于 2mm。

（5）配电盘面应光滑并涂漆，框架牢固，盘上设备排列和配线应整齐美观，做到"横平竖直"。开关应垂直安装，上端接电源，下端接负荷，相序也应一致，各分路应标明线路名称。

（6）固定在配电盘顶上的硬裸铝母线，对地面的距离不应小于 1.9m，不同相带电部分之间的距离不应小于 50mm。

（7）配电盘上的二次回路，应采用电压不低于 500V 的铜芯绝缘导线，电流回路截面不应小于 $2.5mm^2$。其他回路不应小于 $1.5mm^2$。

（8）配电盘上如装设计费用电能表，表用互感器的准确度不应低于 0.5 级，对于容量较大的配电变压器应装电流表和电压表。

（9）配电盘上应装设剩余电流动作保护器。

（10）屏体内设备与各构件连接应牢固。

25 配电屏在安装或检修后，在投入前应进行哪些项目检查和试验？

答 （1）检查柜与基础型钢固定是否牢固，安装是否垂直，屏面油漆是否完好、屏内是否清洁无垢。

（2）各开关操作应灵活、无卡涩，各触头接触应良好。

（3）用塞尺检查母线连接处接触是否良好。

（4）二次回路接线应整齐牢固，线端编号应符合设计要求。

（5）检查接地应良好。

（6）试验表计是否正确，继电器动作是否正常。

（7）抽屉式配电屏应检查推抽是否灵活轻便，动静触头接触是否良好，并有足够的接触压力。

（8）测量一、二次绝缘电阻，其值应不小于 0.5MΩ。应按标准进行交流耐压试验，一次回路的试验电压为工频 2kV，二次回路的试验电压为工频 1kV，能承受 1min，应均不发生击穿或闪络现象。

26 如何指导用户正确选择熔丝？

答 熔丝的选用要考虑电流、电压等多种因素，家庭用电一般都采用 220V 电压，所以可主要从电流进行选择。为确保熔丝在电器或电路异常时正确熔断来切断电源，熔丝的额定电流一般选择为家庭用电最大电流的 1.1～1.6 倍。

按照"电流≈功率÷电压"的公式，假设一个家庭的用电设备总功率为 5kW，则其正常情况下最大用电电流为 5000W÷220V≈23A，那么应该选择额定电流在 25～36A 之间的熔丝。

27 常用低压单根绝缘导线允许载流量应如何选择？

答 单根导线的载流量应按表 2-4 进行选择（环境温度为 30℃）。

表 2-4　　　　　　　单根导线的载流量

导体标称截面 /mm²	铜导体		铝导体		铝合金导体	
	PVC/A	PE/A	PVC/A	PE/A	PVC/A	PE/A
1.5	24	—	18	—	—	—
2.5	32	—	25	—	—	—
4.0	42	—	32	—	—	—
6.0	55	—	42	—	—	—
10	75	—	59	—	—	—
16	102	104	79	81	73	75
25	138	142	107	111	99	102
35	170	175	132	136	122	125

续表

导体标称截面 /mm²	铜导体		铝导体		铝合金导体	
	PVC/A	PE/A	PVC/A	PE/A	PVC/A	PE/A
50	209	216	162	168	149	154
70	266	275	207	214	191	198
95	332	344	257	267	238	247
120	384	400	299	311	276	287
150	442	459	342	356	320	329
185	515	536	399	416	369	384
240	615	641	476	497	440	459

三、配电线路

1 拉线按用途可分为哪几类？

答 普通拉线、人字拉线、十字形拉线、水平拉线、共用拉线、Y 形拉线、弓形拉线。

2 普通拉线的作用是什么？

答 普通拉线应用在终端杆、转角杆、分支杆及耐张杆等处，主要作用是用来平衡固定架空线路不平衡荷载。

3 人字拉线的作用是什么？

答 人字拉线由两把普通拉线组成，装在线路垂直方向电杆的两侧，多用于中间直线杆。它的功能是加强电杆侧面防风的能力。例如海边、市郊、平地及风大等环境中，一般每隔 7～10 基电杆做一个人字拉线。

4 十字拉线的作用是什么？

答 十字拉线一般在耐张杆处装设，目的是加强耐张杆的稳定性，安装顺线路人字形拉线和横线路人字拉线，总称十字形拉线。

5 水平拉线的作用是什么？

答 水平拉线又称为高桩拉线，在不能直接做普通拉线的地方，如跨越道路的地方，则可做水平拉线。做法是在道路的另一侧或不妨碍人行道旁立一根拉线杆，在杆上做一条拉线埋入地下，这样拉线在电杆和拉线杆中间跨过道路等处，就有一定高度，不会妨碍车辆的通行。

6 共用拉线的作用是什么？

答 共用拉线应用在直线线路上，如在同一电杆上，一侧导线粗，一侧则细，那么两侧荷载不等产生了不平衡张力，但是装设拉线又没有地方，只好把拉线拉在第二根电杆上。

7 Y形拉线的作用是什么？

答 Y形拉线主要用在电杆较高、横担较多、多条导线、受力不均匀状况下安装，如跨越铁路、公路、河流等档距较大的地方。当前后两杆都是π型杆时，须装Y形拉线。

8 弓形拉线的作用是什么？

答 在地形或周围自然环境的限制不能安装普通拉线时，一般可安装弓形拉线。

9 简述顶杆的使用条件和安装要点。

答 在地形条件受到限制无法安装拉线时用顶杆代替。
顶杆的技术要点：
（1）顶杆一般与主杆的材料相同，稍径不小于150mm。
（2）顶杆与主杆的夹角一般为30°。
（3）深埋0.8m，顶杆底部设地盘或石条。
（4）顶杆用拉箍与主杆连接。

10 车挡的安装要求有哪些？

答 车挡设在交通过道，车辆易碰着电杆的地方，一般离被保护电杆0.5m处，地上部分不少于1m，埋深1m左右，车挡的数量规格按现场需要决定。

11 拉线盘应如何安装?

答 (1)拉线坑按设计要求挖好。

(2)按图纸要求组装拉线棒和拉线坑。

(3)人力拉住拉线棒顺坑滑下至坑底,回填土按要求夯实。

(4)拉线棒倾斜角符合安装要求。

12 简述选择抱杆高度的原则。

答 (1)倒落式抱杆的高度选择以其高度等于杆塔结构重心的 0.8~1.0 倍为宜。

(2)外拉线、内拉线抱杆的选择以抱杆高度除能满足需要提升的高度外,再加 0.8~1.0m 的裕度。

13 如何整体立撤杆?

答 整体立撤杆塔前应进行全面检查,各受力、连接部位全部合格方可起吊。立、撤杆塔过程中,吊件垂直下方,受力钢丝绳的内角侧严禁有人。杆顶起立离地约 0.8m 时,应对杆塔进行一次冲击试验,对各受力点处做一次全面检查,确无问题,再继续起立;起立 70°后,应减缓速度,注意各侧拉线;起立至 80°时,停止牵引,用临时拉线调整杆塔。

14 按在线路中的位置和作用,电杆可分为哪几类?

答 直线杆,耐张杆,转角杆,终端杆,分支杆,跨越杆。

15 直线杆的特点是什么?

答 (1)直线杆设立在输配电线路的直线段上。

(2)在正常的工作条件下能够承受线路侧面的风荷重。

(3)能承受导线的垂直荷重。

(4)不能承受线路方向的导线荷重。

16 终端杆在线路中的作用是什么?

答 (1)终端杆设立于配电线路的首端及末端。

（2）其作用是在正常工作条件下能承受单侧导地线全部导线的荷重与张力，能够承受线路侧面的风荷重。

17 配电线路上使用的绝缘子有哪几种？

答 （1）悬式绝缘子。

（2）蝶式绝缘子。

（3）针式绝缘子。

（4）棒式绝缘子。

（5）瓷横担绝缘子。

（6）合成绝缘子。

18 输配电线路上使用的金具按其作用可分为哪几类？

答 （1）线夹金具。

（2）连接金具。

（3）接续金具。

（4）保护金具。

（5）拉线金具。

19 低压配电线路由哪些元件组成？

答 （1）电杆。

（2）横担。

（3）导线。

（4）绝缘子。

（5）金具。

（6）拉线。

20 试述连接金具的作用。

答 （1）连接金具可将一串或数串绝缘子连接起来。

（2）可将绝缘子串悬挂在杆塔横担上。

21 输配电线路中对导线有什么要求？

答 （1）足够的机械强度。

（2）较高的电导率。

（3）抗腐蚀能力强。

（4）质量轻。

（5）成本低。

22 金具在配电线路中的作用有哪些?

答 （1）可以使横担在电杆上得以固定。

（2）可以使绝缘子与导线连接。

（3）可以使导线之间的连接更加可靠。

（4）可以使电杆在拉线的作用下得以平衡及固定。

（5）可以使线路在不同的情况下得以适当的保护。

23 杆塔金具组装的一般要求有哪些?

答 横担一般安装在距杆顶 200~300mm 处，单横担安装在受电侧，转角、终端杆及分支杆安装在拉线侧。

螺丝的安装要求：顺线路方向的螺丝应由电源侧穿入，横线路方向的螺丝应面向受电侧由左向右穿入，与地面垂直的螺丝应由下向上穿入，螺帽坚固后要使螺杆外露不小于两个螺纹丝。

24 杆上安装横担的注意事项有哪些?

答 （1）安全带不宜拴得过长，也不宜过短。

（2）横担吊上后，应将传递绳整理利落，一般将另一端放在吊横担时身体的另一侧，随横担在一侧上升，传递绳在另一侧下降。

（3）不用的工具切记不要随意搁在横担上或杆顶上，以防不慎掉下伤人，应随时放在工具袋内。

（4）地面人员应随时注意杆上人员操作，除必须外，其他人员应远离作业区下方，以免杆上作业人员掉东西砸伤地面人员。

25 简述使用吊车位移、正杆的步骤。

答 （1）用吊车将杆子固定，吊点绳位置一般在距杆梢 3~4m 处。

（2）摘除杆上固定的导线，使其脱离杆塔，然后登杆人员下杆。

（3）在需要位移一侧靠杆根处垂直挖下，直到杆子埋深的深度。

（4）使用吊车将杆子移到正确位置，校正垂直，然后将杆根土方回填夯实。

（5）恢复并固定导线，位移工作即告结束。

26 简述横担组装的工艺要求。

答 （1）横担安装应平正。

（2）横担端部上下歪斜不应大于 20mm。

（3）横担端部左右扭斜不应大于 20mm。

（4）双杆的横担，横担与电杆连接处的高差不应大于连接距离的 5/1000，左右扭斜不应大于横担总长度的 1/100。

27 线路金具在使用前应符合哪些要求？

答 （1）表面光滑，无裂纹、毛刺、飞边、砂眼、气泡等缺陷。

（2）线夹转动灵活，与导线接触面符合要求。

（3）镀锌良好，无锌皮脱落、锈蚀现象。

28 导线损伤在什么情况下可以不做修补，只做表面处理？

答 （1）铝、铝合金单股损伤深度小于股直径的 1/2。

（2）钢芯铝绞线及钢芯铝合金绞线损伤截面积为导线部分面积的 5% 及以下，且强度损失小于 4%。

（3）单金属绞线损伤截面积为 4% 及以下。

29 配电线路耐张段如何确定？

答 配电线路耐张段的长度不宜大于 2km，如运行、施工条件许可，耐张段长度可适当延长。高差或档距相差非常悬殊的山区或重冰区等运行条件较差的地段，耐张段长度应适当缩小。

30 架空线路的导线应满足什么要求？

答 （1）电导率高，以减少线路的电能损耗和电压降。

（2）耐热性能好，以提高输送容量。

（3）机械强度高、弹性系数大。有一定柔软性、容易弯曲，以便于加工、制造、运输、施工。

（4）具有良好的耐振性，以延长导线的使用寿命、保证线路安全运行。

（5）耐腐蚀性强，能够适应自然环境和一定的污秽环境，使用寿命长。

（6）质量轻、性能稳定、耐磨、价格低廉。

31 导线的连接应符合什么规定？

答 （1）不同金属、不同规格、不同绞向的导线，严禁在档距内连接。

（2）在一个档距内，每根导线不应超过一个连接头。

（3）档距内接头距导线的固定点的距离，不应小于 0.5m。

（4）钢芯铝绞线、铝绞线在档距内的连接，宜采用钳压方法。

（5）铜绞线在档距内的连接，宜采用插接或钳压方法。

（6）铜绞线与铝绞线的跳线连接，宜采用铜铝过渡线夹、铜铝过渡线。

（7）铜绞线、铝绞线的跳线连接，宜采用线夹，钳压方法。

（8）导线连接点的电阻，不应大于等长导线的电阻。档距内连接点的机械强度，不应小于导线计算拉断力的 95%。

32 如何补偿导线的初伸长？

答 （1）铝绞线、铝芯绝缘线为 20%。

（2）钢芯铝绞线为 12%。

（3）铜绞线、铜芯绝缘线为 7%～8%。

33 导线截面选择的依据是什么？

答 依据经济电流密度、发热条件、允许电压损耗、机械强度。

34 铝绞线和铜绞线损伤的处理标准是什么？

答 （1）断股损伤截面积不超过总面积的 7%，应缠绕处理。

（2）断股损伤截面积占总面积的 7%～17%，应用补修管或补修条处理。

（3）断股损伤截面积超过总面积的 17% 应切断重接。

35 架空绝缘导线连接时绝缘层如何处理？

答 承力接头的连接采用钳压和液压法，在接对处安装辐射交联热收缩管护套或预扩张冷缩绝缘套管。绝缘护套直径一般应为被处理部位接续管的 1.5～2 倍。中压绝缘线使用内外两层绝缘护套，低压绝缘线使用一层绝缘护套，有半导体的绝缘线应在接续管外面先缠绕一层半导体黏带，与绝缘线的半导体层连接后再进行绝缘处理。每圈半导体黏带间搭压为带宽的 1/2。截面为 240mm^2 及以上铝线芯绝缘线承力接头宜采用液压法接续。

36 电缆头的制作安装要求有哪些？

答 （1）在电缆头制作安装工作中，安装人员必须保持手和工具、材料的清洁与干燥，安装时不准抽烟。

（2）做电缆头前，电缆应经过试验并合格。

（3）做电缆头用的全套零件，配套材料和专用工具、模具必须备齐，检查各种材料规格与电缆规格是否相符，检查全部零部件是否完好无缺陷。

（4）应避免在雨天、雾天、大风天及湿度在 80% 以上的环境下进行工作，如需紧急处理应做好防护措施。

（5）在尘土较多及重污染区，应在帐篷内进行操作。

（6）气温低于 0℃时，要将电缆预先进行加热后方可进行制作。

37 简述热缩式电缆终端头的制作步骤。

答 （1）按要求尺寸剥切好电缆各层绝缘及护套，并焊好接地线，压好接线鼻子。

（2）在各相线根部套上黑色热缩应力管，用喷灯自下向上慢慢环绕加热，使热缩管均匀受热收缩。

（3）套入分支手套，从中部向上、下进行加热收缩。

（4）在各相线上套上红色绝缘热缩管，自下而上加热收缩，热缩管套至接线鼻子下端。

（5）在户外终端头上需安装防雨裙。

38 简述冷缩式电缆终端头的制作步骤。

答 （1）剥切电缆。

（2）装接地线。

（3）装分支手套。

（4）装冷缩直管。

（5）剥切相线。

（6）装冷缩终端头。

（7）压接线鼻子。

39 导线连接分哪几种方法？

答 钳压法、插接法、绑接法。

40 母线的相序排列有什么要求？

答 （1）上、下布置的交流母线，由上到下排列为 A、B、C 相，直流母线正极在上，负极在下。

（2）水平布置的交流母线，由盘后向盘面排列为 A、B、C 相，直流母线正极在后，负极在前。

（3）引下线的交流母线由左至右排列为 A、B、C 相，直流母线正极在左，负极在右。

41 母线在什么部位不应刷相色漆？

答 （1）母线的螺栓连接及支持连接处、母线与电器的连接处以及距所有连接处 10mm 以内的地方。

（2）供携带式接地线连接用的接触面上，不刷漆部分的长度应为母线的宽度或直径，且不应小于 50mm，并在其两侧涂以宽度为 10mm 的黑色标志带。

42　线路档距的一般要求有哪些？

答　（1）铝绞线、钢芯铝绞线：集镇和村庄为 40～50m；田间为 40～60m。

（2）架空绝缘电线：一般为 30～40m，最大不应超过 50m。

43　导线水平间的距离如何规定？

答　（1）铝绞线或钢芯铝绞线：档距 50m 及以下为 0.4m；档距 40～60m 为 0.45m；靠近电杆的两导线间距离，不应小于 0.5m。

（2）架空绝缘电线：档距 40m 及以下为 0.3m；档距 40～50m 为 0.35m；靠近电杆的两导线间距离为 0.4m。

44　低压线路与高压线路同杆架设时，横担间的距离是如何规定的？

答　（1）直线杆：1.2m。

（2）分支和转角杆：1.0m。

45　允许在低压带电电杆上进行的工作内容有哪些？

答　在带电电杆上工作时，只允许在带电线路下方，处理混凝土杆裂纹、加固拉线、拆除鸟窝、紧固螺丝、查看导线金具和绝缘子等工作。

46　在低压带电电杆上进行工作时要注意哪些事项？

答　（1）允许调整拉线下把的绑扎或补强工作，不得将连接处松开。

（2）由于拉线上把距带电导线距离小于 0.7m，因此不允许在拉线上把进行工作。

（3）单人巡视时不准处理缺陷。

（4）作业人员活动范围及其所携带的工具、材料等与低压导线的最小距离不得小于 0.7m。

47 客户来电话反映有树压线或树碰线时如何处理?

答 首先要问清以上现象的具体位置,以便确定此处的树与线路的产权单位。如均属房产单位,则应请客户向相关产权单位反映,以便及时处理;如线路是供电公司资产,则应立即通知相关部门,以便配合同时进行处理。

48 当客户反映公共场所不明断线时应如何处理?

答 请客户尽可能详细描述断线外观、线杆上的情况,如仍不能判断为通信、电力线时,记录断线发生地的详细地址,周围参照物及客户姓名、电话等立即联系相关部门,前往查明原因,并进行妥善处理。

49 客户反映地下井盖破损应如何处理?

答 道路的地下涵井井盖遗失或破损后,很可能造成安全事故,应尽快解决。部分涵井井盖为供电公司相关单位管理,其中有路灯井(一般在非机动车道有路灯的道路上),另外道路上还有市政管理的污水井、雨水井、电信电缆井、热力井、自来水井等。接到客户反映井盖问题后,尽可能了解该井的产权归属(如和客户确认井内有何物或与其垂直方向的下一井盖上的文字),如联系供电公司产权或客户无法提供详细情况,应记录该井的详细位置、破坏位置、客户电话、姓名等,如系市政管理设备,请与市政工程处联系。

50 客户反映有汽车撞电线杆时,值班员重点应记录什么?

答 值班员应重点记录发生被撞电杆片的街道名称,附近较大的便于查找的参照物,被撞电杆的线路名称、杆号,电线杆被撞的程度,肇事车的车牌号,是否造成停电或着火,来电话人的联系方式等。

51 客户反映线路或电气设备着火时应如何处理?

答 应请客户详细说清着火的有关情况,如能判定是供电公司的线路着火，要问清着火处的街道名、附近较大的便于查找的参照物、着火的部位、程度、来电话人的联系方式，问清楚后立即按报修程序处理。如为其他物品着火可能殃及线路或设备时，应请客户首先向 119 火警台报警。

52 铝导线在针式绝缘子上固定时如何缠绕铝包带？

答　（1）铝包带的缠绕方向应与外层线股的绞制方向一致。

（2）铝包带缠绕应无重叠、牢固、无间隙。

（3）缠绕长应超出接触处两侧各 30mm。

53 电杆底盘如何安装？

答　（1）电杆底盘的安装应在基坑检验合格后进行。

（2）底盘安装后其圆槽面应与电杆轴线垂直。

（3）底盘找正后应填土夯实至底盘表面。

（4）底盘安装允许偏差，应使电杆组立后满足电杆允许偏差规定。

54 卡盘如何安装？

答　（1）安装前将卡盘设置处以下的土壤分层回填夯实。

（2）安装位置、方向、深度应符合设计要求，深度允许偏差为 ±50mm，当设计无要求时，上平面距地面不应小于 500mm。

（3）与电杆连接应紧密。

55 影响农村电网电压质量的主要因素有哪些？

答　（1）农村电网结构简单，网架薄弱，导线截面小，无功补偿不足，且管理工作薄弱，对负荷的变化没有足够的吞吐能力。

（2）农村电网主变容量小，内阻较大，导线较细，供电半径长，当负荷波动时，电压偏移量大。

（3）系统电压的波动给农村电网带来一定的影响。

（4）农村负荷具有季节性，造成农网电压波动。

（5）变压器分接开关位置选择不当，未能适时调整。

56 农村电网电压调节的主要手段有哪些？

答 （1）合理布局，增大导线截面，减小供电半径。

（2）充分利用变电站有载调压实现调压运行。

（3）合理选择普通配电变压器分接开关位置，并根据电压变化及时进行调整。

（4）增加无功补偿装置，并加强无功管理工作，根据负荷和电压的变化情况及时进行调整无功补偿容量。

57 无功补偿的原则是什么？

答 全面规划，合理布局，分级补偿，就地平衡。同时，要求集中补偿与分散补偿相结合，以分散补偿为主，降损与调压相结合，以降损为主的原则。

58 低压线路故障一般分为哪几类？

答 （1）机械性破坏故障：架空线倒杆、断线，电缆线、室内外配线因外力破坏断线。

（2）电气性故障：单相接地、两相接地、三相短路、相间短路接地等短路故障，断路故障和因线路严重过负荷发热。室内线绝缘受损导致的漏电故障等。

59 判断漏电故障的步骤是什么？

答 （1）判断是否发生漏电。

（2）判断漏电的性质。

（3）确定漏电范围。

（4）找出漏电点，及时妥善处理。

60 在低压电气设备上进行带电工作时应采取什么安全措施？

答 人身触及220V电压是有生命危险的。因此，在低压带电设备上工作，除至少应有2人外，还应遵守以下安全规定：

（1）应有专人监护，使用有完好绝缘手柄的工具。工作时应站在干燥的绝缘物上进行，并戴手套和安全帽，必须穿长袖紧口工作服。严禁使用锉刀、金属尺和带金属物的毛刷、毛掸等工具。

(2) 在高低压同杆架设的低压带电线路上工作时，应先检查与高压线的距离，采取防止误碰带电高压设备的措施。

(3) 在低压带电导线未采取绝缘措施时，工作人员不得穿越。在带电的低压配电装置上工作时，应采取防止相间短路和单相接地的隔离措施。

(4) 上杆前应分清相线、中性线，选好工作位置。断开导线时，应先断相线，后断开中性线。搭接导线时，顺序应相反。

(5) 人体不得同时接触两根线头。

61 备品备件管理的原则是什么？

答 (1) 备品备件的数量和品种应能满足及时消除设备缺陷，快速抢修事故，缩短停电时间的需要。

(2) 设兼职人员加强管理，备品备件应保证随时可以使用，使用后及时补充。

(3) 备品备件的存储尽量做到保证安全生产需要，防止积压、浪费。

(4) 备品备件工作贯彻勤俭办所的方针，充分发挥和利用修复能力，大力开展修旧利废，节约物资。

62 使用梯子登高工作应注意哪些事项？

答 (1) 使用前检查梯子是否牢固可靠。

(2) 选好适当的立放位置，保证稳固可靠。

(3) 立放的坡度要适当，并应采取防滑防倒措施。

(4) 在梯子上做吃力工作时应掏脚，一般不许一脚蹬梯子，另一脚蹬踩其他建筑物上进行工作。

63 客户反映邻近住处的柱上变压器噪声扰民，如何处理？

答 根据国家对油浸配电变压器的规定，噪声应不大于60dB。客户反映噪声扰民，可以请客户提供噪声过大的依据

（即是否有环保局测试的噪声数据），如环保局测试数据确实大于 60dB，则应通知相关部门，尽快给予安排更换变压器的工作；如小于 60dB，则应向客户进行解释，请客户谅解，并给予支持。

四、接户线、下户线

1 接户线的定义是什么？

答 架空绝缘配电线路与客户建筑物外第一支持点（或产权分界隔离开关处）之间的一段线路，叫接户线。

2 什么是进户线？

答 进户线是从低压配电线路的接户线末端至客户售电设备之间的一段线路，即从供电部门与客户责任分界点起接至电能计量装置之间的一段线路。

3 进户管的安装要求有哪些？

答 （1）管口与接户线第一支持点的垂直距离宜在 0.5m 以内。

（2）金属管、塑料管在室外进线口应做防水弯头，弯头或管口应向下。

（3）穿墙硬管或 PVC 管的安装应内高外低，以免雨水灌入，硬管露出墙壁外部分不应小于 30mm。

（4）用钢管穿墙时，同一交流回路的所有导线必须穿在同一根钢管内，且管的两端应套护圈。

（5）穿管的管径选择，宜使导线截面积占管子截面积的 40%。

（6）导线在穿管内严禁有接头。

4 定期维修的主要内容是什么？

答 （1）更换和调整线路的导线。

（2）增加或更新用电设备和装置。

（3）拆换部分或全部线路和设备。

（4）更换接地线或接地装置。

（5）变更或调整线路走向。

（6）对部分或整个线路进行重新紧线，酌情更换部分或全部支持点。

（7）调整配电形式或用电设备的布局。

（8）更换或合并进户点。

5 第一支持物的定义是什么？

答 客户建筑物外墙支持悬吊接户线的设施（包括自设电杆或产权分界隔离开关杆）叫做第一支持物。

6 表外线和套接线的定义是什么？

答 自第一支持物至电能表的一段线路叫做表外线，表外线产权属客户。自第一支持物引至另一客户进线口处的线路叫做套接线。此段线路由用电客户投资安装，但产权属供电局。

7 供电设施的运行维护管理范围如何确定？责任分界点的确定原则是什么？

答 供电设施的运行维护管理范围，按产权归属确定。责任分界点按以下原则确定：

（1）公用低压线路供电的，以供电接户线用户端最后支持物为分界点，支持物属供电企业。

（2）采用电缆供电的，本着便于维护管理的原则，分界点由供电企业与客户协商确定。

（3）产权属于客户且由客户维护的线路，以公用线路分支杆或专用线路接引的公用变电站外第一基杆为分界点，专用线路第一基电杆属客户。

在电气上的具体分界点，由供用电双方协商确定。供电企业和客户分工维护管理的供电和受电设备，除另有约定者外，未经管辖单位同意，对方不得操作或更动；如因紧急事故必须操作或更动者，事后应迅速通知管辖单位。

8　对低压接户线的各种距离有何规定？

答　（1）电杆上引下的低压接户线至第一支持物的距离不应大于 25m。距离大于 25m 时，应增设接户线杆；距离大于 40m 时，应按配电线路设计；接户线的总长度不应大于 40m。

（2）低压接户线的受电端对地面的距离不应小于 2.5m。

（3）跨越街道的低压接户线至路面中心的垂直距离不应小于下列数值：

1）通车街道 6m。

2）通车困难的街道、人行道和一般胡同 3.5m。

（4）低压接户线与建筑物有关部分的距离不应小于下列数值：

1）与接户线下方窗户的垂直距离 0.3m。

2）与接户线上方阳台或窗户的垂直距离 0.8m。

3）与窗户或阳台的水平距离 0.75m。

4）与墙壁、构架的距离 0.05m。

（5）低压接户线与弱电线路的交叉距离，不应小于下列数值：

1）低压接户线在弱电线路的上方 0.6m。

2）低压接户线在弱电线路的下方 0.3m。

如不能满足以上要求，应采取绝缘隔离措施。如加绝缘护套或绑竹管方法。

（6）低压接户线一般不宜跨房，如必须跨房时，对建筑物房顶最高点的垂直距离不应小于 2.5m。

（7）低压接户线在最大摆动时，不应有接触树木和其他建筑物现象。

（8）低压接户线自杆上引下，当档距在 25m 及以下时，接户线的最小线间距离不宜小于 0.2m。

（9）低压接户线沿墙铺设时，当档距在 6m 及以下时，接户线的最小线间距离不应小于 0.1m，当档距在 6m 以上时，线间距离不应小于 0.15m（电缆及平行接户线除外）。

（10）低压接户线的零线和相线交叉处，应保持一定的距离或采取绝缘措施。

9 对低压接户线的固定有何规定？

答 （1）电杆上引下的低压接户线，其导线截面为 16mm² 及以上时，应使用低压蝶式绝缘子固定。其导线截面在 10mm² 及以下时，可使用低压针式绝缘子固定。固定时，接户线不得用本身缠绕，应用截面不小于 1.5mm² 的铁线绑扎。

（2）低压接户线不得以配电线路空线档导线所用横担或绝缘子作为固定点。

（3）低压接户线的架设，导线应平直，不得扭绞弯曲，不应交叉，松紧要适度。

10 对低压接户线的连接有何要求？

答 （1）不同金属、不同规格、不同绞向的接户线，不应在档内连接。

（2）一条接户线上的接头不得超过一个，接头部分应用胶布包好。

（3）跨越通车街道的接户线不应有接头。

（4）接户线不得直接搭接在导线上，而应先固定好后，再进行连接。

（5）接户线截面为 16mm² 及以上时，应使用平板式铜铝线夹。截面在 10mm² 及以下时，应使用铜铝过渡接户线夹。线夹规格与导线截面应匹配，螺栓应齐全、紧固。

（6）接户线与架空导线如为铜铝连接，必须采取铜铝过渡措施，铜铝过渡线夹必须是"摩擦焊接"的。

（7）一基电杆上有两户以上接户线，且为铜铝连接时，其下线可共用一个铜铝接户线夹，具体规定是：截面是 4mm² 时，可接 4 户，截面为 6mm² 时，可接 3 户，截面为 10mm² 可接两户，接户线夹的平板垫片必须是铜质的，每个铜垫圈只允许压一条线，严禁将过户零线绑缠在一起，并用铝线做好过渡线再与架空线连接，一个平板式铜铝线夹只允许接一条零线。

（8）路灯零线的接引线，应单独接至线路的零线上，不许与接户线的零线混接在一起再与线路零线连接。

（9）接户线与表外线在第一支持物处连接时，应采用"倒人字"接法，"倒人字"接好后，应用绝缘胶布包好，下端不封口，以防线芯进水。

（10）接户线两端的引线，长短应适度，连接点不应承受拉力。

五、防雷与接地

1 电力系统中电气装置和设施的接地按用途分为几种方式？

答 （1）工作接地。

（2）保护接地。

（3）雷电保护接地。

（4）防静电接地。

（5）重复接地。

2 防雷装置有哪些？

答 防雷装置有避雷针、避雷线、避雷网、避雷带、避雷器。

3 什么是过电压？

答 电网正常运行时，线路、变压器等设备的绝缘所承受的电压为其相应的额定电压。但由于某种原因，有可能发生电压升高现象，以至引起电气设备的绝缘破坏。我们把对绝缘有危害的电压升高，统称为过电压。

按过电压的来源分为大气过电压和内部过电压两种。大气过电压也叫雷击过电压，分为直击雷过电压和感应过电压两部分；内部过电压包括操作过电压，弧光过电压和谐振过电压。

4 产生内部过电压的原因是什么？

答 （1）空载变压器或空载线路。

（2）小电流接地系统发生单相接地出现间隙电弧。

（3）铁磁谐振。

5 对防雷设备的巡视应注意哪些问题？

答 （1）避雷器瓷件有无脏污、裂纹、损坏及闪络痕迹。

（2）放电间隙有无烧损。距离变动、锈蚀和被外来物体短接的情况。

（3）避雷器、放电间隙固定是否牢靠。

（4）引线连接是否良好，与邻相、对地距离是否合乎要求。

（5）防雷设施在雷雨季节是否齐全，有无漏投。

（6）测磁装置和雷电记录器是否良好。

6 为了提高配电线路的防雷水平，宜采用哪些措施？

答 （1）采用耐压高一级的绝缘子。

（2）采用重合闸装置，在配电支线上加装跌落式熔断器。

（3）在配电线路的绝缘薄弱点和交叉跨越外以及个别较高的杆塔上采用管型避雷器或保护间隙保护。

（4）配电线路上的变压器、柱上油断路器等电气设备，根据其重要性，台上设备都应装设不同类型的防雷保护。

（5）对低压线路应加装低压避雷器或防击穿保险器。

7 阀型避雷器的安装应符合哪些规定？

答 （1）避雷器的瓷件应无裂纹、破损，密封应良好，并经电气试验合格。

（2）各节连接处应紧密，金属接触表面应清除氧化膜及油漆。

（3）应垂直安装并便于检查、巡视。

（4）避雷器安装位置距被保护物的距离，应越近越好。避雷器与 3～10kV 设备的电气距离一般不应大于 15m。

（5）避雷器引线的截面不应小于：铜线 $16mm^2$，铝线 $25mm^2$。

（6）接地引下线与被保护设备的金属外壳应可靠连接，并与总接地装置相连。

8　金属氧化物避雷器的主要优点有哪些？

答　（1）结构简单，体积小，质量轻。

（2）无间隙。

（3）无续流，能耐受多重雷、多重过电压。

（4）通流能力大，使用寿命长。

（5）运行维护简单。

9　低压配电设施应采取哪些防雷措施？

答　（1）配电变压器的低压侧应安装避雷器进行保护。

（2）低压进线柜应安装避雷器进行保护。

（3）低压电容器应安装避雷器进行保护。

（4）雷击多发区低压架空线入口处应安装避雷器进行保护，或将绝缘子铁脚接地，或在屋内总开关处安装避雷器进行保护。

10　哪些场所应装设低压避雷器？

答　多雷区（年平均雷电日大于 10 天的地区）和易受雷击地段的配电变压器低压侧各出线回路的首端；在多雷区和易遭受雷击的地段，直接与架空线路相连的排灌站、车间和重要用户的接户线；在多雷区和易受雷击的地段，架空线路与电缆或地埋线路的连接处。

11　什么是接地装置？线路接地装置的作用是什么？

答　（1）电气设备的接地体和接地线的总称叫做接地装置。

1）接地体：埋入地中并直接与大地接触的金属导体，如防雷接入地中的接地带。

2）接地线：连接接地体和电气设备接地端子之间的金属导

体，如杆塔接地螺栓与接地体之间的连接线叫做接地线。

（2）线路接地装置主要是为了泄漏电流入地，以维持线路有一定的耐雷击水平，在中性点不接地的系统中，当线路绝缘损坏，线路通过杆塔故障接地时，其接地装置能降低接地点的电位、保障人身安全。

12　对接地装置应进行哪些检查？

答　（1）每年雷雨季节前，要对线路杆塔的接地装置进行检查，检查装置是否完善，有无丢失、开断、松脱及严重锈蚀等缺陷。

（2）对线路杆塔的接地装置的接地电阻每 5 年至少进行一次测定。

13　人工接地体应符合哪些规定？

答　（1）垂直接地体的钢管壁厚不应小于 3.5mm；角钢厚度不应小于 4.0mm，垂直接地体不宜少于 2 根（架空线路接地装置除外），每根长度不宜小于 2.0mm，极间距离不宜小于其长度的 2 倍，末端入地不小于 0.6m。

（2）水平接地体的扁钢厚度不应小于 4mm，截面不小于 48mm^2，圆钢直径不应小于 8mm，接地体相互间距不宜小于 5.0m，埋入深度不应小于 0.6m。

（3）接地体应作防腐处理。

14　在电气设备的哪些地方需要装设保护接地？

答　（1）配电变压器低压侧中性点直接接地。

（2）电流互感器二次绕组一端接地。

（3）所有受电设备（包括携带式和移动式电器）外露可导电部分应装设保护接地。

（4）电力设备的传动装置，靠近带电部分的金属围栏，电力配线的金属管，配电盘的金属框架，金属配电箱以及变压器的外壳应装设保护接地。

15 配电线路的哪些设备应装设接地装置？

答 （1）变压器、油断路器的金属外壳和联动型隔离开关的操动机构。

（2）避雷器、保护间隙的接地端及金属围栏。

（3）配电变压器低压侧中性点及零相导线。

（4）配电变压器台架的金属构件。

（5）两相及以上低压分支线的终端杆的零相导线应作重复接地。

（6）居民区的水泥杆和铁塔（如铁塔自然接地电阻小于30Ω，可不另做人工接地）。

16 接地引下线的安装应符合哪些规定？

答 （1）接地引下线的导线截面不得小于 25mm²，接地引下线沿电源侧引下，双杆应沿两杆内侧引下。

（2）引线应短而直。

（3）连接点应接触良好，牢固可靠。

（4）自地下 0.5m 至地上 2m 范围内应有绝缘保护措施。

（5）接地线卡子应镀锌，设在保护设施上方 100～200mm处，引线的接点处应采用卡子，不得绕接，并应采取防锈措施。

17 哪些电气设备不需要接地？

答 （1）电压为 65V 以下的电气设备。

（2）交流额定电压为 380V 以下，且安置处地面干燥（为电的不良导体）的设备。

（3）装在配电盘、控制屏台以及配电装置室内墙上的电气测量仪表、继电器、低压电器的外壳。

（4）架空线路和室外变电所木杆上或木构架上的绝缘子的金具。

（5）安装在接地的金属构架上支持绝缘子和套管的金属。

18 对配电室的接地装置有何要求？

答 配电室的接地电阻不应大于 4Ω，配电室内各部构件接地良好，引下线接头良好，接地卡子和钢引线连接处不应有锈蚀。

19 接地线的截面如何选择？

答 （1）埋入地下部分的截面积不小于 $48mm^2$，也可以考虑使用 $60mm^2$，圆钢的直径不小于 8mm。

（2）室内明露部分的角钢截面积不小于 $24mm^2$，圆钢的直径不小于 5mm。

（3）阀型避雷器、管型避雷器、架空线路的接地线，铜线截面不小于 $16mm^2$，钢线截面不小于 $25mm^2$。

（4）独立避雷器雷针中铜的截面为 $25mm^2$，钢的截面为 $35mm^2$。

（5）中性点不接地的低压系统，接地干线为相线截面的1/2，支线为相线截面的 1/3。中性点直接接地时，中性线为相线截面的 1/2。

（6）明敷设的裸铜线截面不小于 $4mm^2$。

（7）明装的钢线直径不小于 $4mm^2$。

（8）明装的绝缘铜线截面不小于 $2.5mm^2$。

（9）照明装置的接地线截面不得小于 $1.5mm^2$。

20 在电力网中中性点有几种接地形式？

答 在电力网中，中性点有两种接地形式，即大电流接地系统和小电流接地系统。大电流接地系统是指中性点直接接地，小电流接地系统是指中性点不接地或经消弧线圈接地。

21 农村低压电力网宜采用 TT 供电系统的原因是什么？

答 （1）我国大多数农村，电力负荷比较小而且分散，供电距离长，负荷密度低，动力负荷有较强的季节性。所以采用 TT系统实行单三相混合供电，可以节省导线。

（2）由于中性点直接接地，发生单相接地时，可抵制电网对地电位的升高。

（3）较容易实现短路保护、过负荷保护以及剩余电流分级保护。

（4）受电设备的外露导电部分发生带电故障时，不会延伸到其他受电设备的外壳上。

22 为什么在同一系统中，只宜采用同一种接地方式？

答 由同一台变压器或同一段母线供电的系统中，一般只宜采取同一种保护方式，或全部采取保护接地，或全部采取保护接零，而不应同时采取接地和接零两种不同的保护方式。否则，当采取保护接地的设备发生碰壳短路故障时，零线将带有较高的对地电压，于是在与零线相连接的所有设备上也将带有较高的电压。因而会危及操作人员的安全，所以接零和接地方式不能混合采用。

23 什么叫工作接地？它有哪些作用？

答 由于运行和安全的需要，为保证电力网在正常情况或事故情况下能可靠地工作而进行的接地，叫做工作接地。它的作用是：

（1）变压器和发电机中性点直接接地，能维持相线对地的电压不变（故障相除外），并可降低人体的接触电压及适当降低制造时对电气设备的绝缘要求。在变压器供电时，可防止高电压窜至低压侧的危险。

（2）变压器中性点经消弧线圈接地，还能在发生单相接地故障时，消除接地短路点的电弧及由此可能引起的危害。

24 什么叫保护接零？有什么优点？

答 保护接零就是将设备在正常情况下不带电的金属部分，用导线与系统零线进行直接相连的方式。采取保护接零的方式，可以保证人身安全，防止触电事故发生。

25 保护接地和接零如何应用？

答 （1）在1kV以下的电气设备中是否采用保护接地，要根据供电变压器的中性点是否接地来决定。如果变压器或发电机的中性点直接接地时，必须采用保护接零；而中性点不接地系统，则必须采用保护接地；电气设备的金属部分在正常情况下不带电，但在绝缘损坏时，可能带电的所有金属部分，均必须接地或接零。

（2）电压超过 1kV 的电气设备，在所有情况下均应实行保护接地，而与变压器的中性点是否接地无关。

26 农村低压电力网采用哪种接地系统？并说明各系统的接地形式。

答　（1）TT 系统：变压器低压侧中性点直接接地，系统内所有受电设备的外露可导电部分用保护接地线（PEE）接至电气上与电力系统的接地点无直接关联的接地极上。

（2）TN-C 系统：低压侧中性点直接接地，整个系统的中性线（N）与保护线（PN）合一，系统内所有受电设备的外露可导电部分用保护线（PE）与保护中性线（PEN）相连接。

（3）IT 系统：变压器低压侧中性点不接地或经高阻抗接地，系统内所有受电设备的外露可导电部分用保护中性线（PEN）单独的接至接地极。

27 在用电系统中，可以用作保护线的设施有哪些？

答　（1）电缆的导电外层。

（2）穿导线的金属管。

（3）母线槽的金属外壳。

（4）电缆桥架的金属结构。

（5）起重运输设备的钢轨，或其他类似的外露可导电体。

六、安全工器具

1 安全工器具的保管有何要求？

答　（1）安全工器具的保管及存放，必须满足国家和行业标准及产品说明书的要求。

（2）绝缘安全工器具应存放在温度－15～35℃，相对湿度5%～80%的干燥通风的工具室（柜）内。

（3）安全工器具应统一分类编号，定置存放。

（4）绝缘杆应架在支架上或悬挂起来，擦拭干净后成套放置，不得直接接触地面、墙面，防止受潮、脏污。

（5）验电器应必须擦拭干净后，成套（工作触头和绝缘棒）存放在防潮盒或绝缘安全工器具存放柜内，不得直接接触地面、墙面，防止受潮、脏污。

（6）脚扣和登高板应成双，存放在干燥通风和无腐蚀的室内，不得直接接触地面，防止受潮、脏污。

（7）橡胶类绝缘安全工器具应存放在封闭的柜内或支架上，上面不得堆压任何物件，更不得接触酸、碱、油、化学药品或在太阳下曝晒，并保持干燥、清洁；绝缘手套、绝缘靴等应成双摆放，使用后必须擦拭干净，放置处不得直接接触地面、墙面，防止受潮、脏污。

（8）符合下列条件之一者，予以报废：

1）安全工器具经试验或检验不符合国家或行业标准；

2）超过有效使用期限，不能达到有效防护功能指标。

（9）报废的安全工器具应及时清理，不得与合格的安全工器具存放在一起，更不得使用报废的安全工器具。

2 安全工器具使用前的外观检查应包括哪些内容？

答 安全工器具使用前的外观检查应包括：

（1）绝缘部分有无裂纹、老化、绝缘层脱落、严重伤痕。

（2）固定连接部分有无松动、锈蚀、断裂等现象。

（3）对其绝缘部分的外观有疑问时应进行绝缘试验合格后方可使用。

3 安全帽使用的注意事项有哪些？

答 安全帽使用前，应检查帽壳、帽衬、帽箍、顶衬等附件完好无损。使用时，应将下颌带系好，防止工作中前倾后仰或其他原因造成滑落。

4 安全带使用的注意事项有哪些？

答 腰带和保险带、绳有足够的机械强度，材质应有耐磨性，卡环应具有保险装置，操作应灵活。保险带、绳使用长度在3m 以上的应加缓冲器。

5 应试验的安全工器具有哪些？

答 （1）规程要求进行试验的安全工器具。

（2）新购置和自制的安全工器具。

（3）检修后或关键零部件经过更换的安全工器具。

（4）对安全工器具的机械、绝缘性能产生疑问或发现缺陷时。

6 如何正确使用验电器？

答 （1）验电应使用相应电压等级、合格的接触式验电器。

（2）验电前，应先在有电设备上进行试验，确认验电器良好，无法在有电设备上进行试验时，可用高压发生器等确认验电器良好。

（3）验电时，人体应与被验电设备保持规程规定的距离，并设专人监护。

（4）使用伸缩式验电器时，应保证绝缘的有效长度。

第三部分

营 销 业 务

一、业扩报装

1 **什么是业扩报装？业扩报装的工作范围有哪些？**

答　业扩报装是指供电部门从受理客户的用电申请到装表接电全过程业务的总称。包括以下几部分内容：

(1) 受理各类用电申请，并审核、管理。

(2) 现场查勘并确定供电方案。

(3) 收取有关费用。

(4) 组织售电工程的设计审核、施工中间检查、竣工验收。

(5) 签订供用电合同及相关协议。

(6) 安装电能计量装置和办理接电事宜。

(7) 建立客户用电的有关档案和台账等。

2 **什么是供电方式？供电方式确定的原则是什么？**

答　供电方式是指供电企业向客户提供电源的形式。

《供电营业规则》第七条规定：供电企业对申请用电的客户提供的供电方式，应从供用电的安全、经济、合理和便于管理出发，依据国家的有关政策和规定、电网的规划、用电需求以及当地供电条件等因素，进行经济技术比较，与客户协商确定。

3 **对何种客户可供给临时用电，临时用电如何管理，如何收取电费？**

答　(1) 对基建工地、农田水利、市政建设等非永久性用电可供给临时用电。如：市政建设的公路、桥梁、水道修建，煤气管道安装与检修，临时打井抗旱、防风排涝，农业的季节性打场、脱粒，临时用电焊、拍摄电影、露天文艺演出、城市庆祝集会、临时交通事故处理、短期小型集贸市场等可以办理临时用电。

（2）临时用电期限一般不得超过 6 个月，逾期需办理延期，但最长不超过 3 年。逾期不办理延期或永久性正式用电手续的，供电企业应终止供电。

（3）临时用电不得转让给其他客户，基建工地的临时用电不得用于生产、试生产和生活照明用电。

（4）临时用电一律不执行两部制电价，在用电期间也不办理暂停、减容事宜。

（5）基建工地的临时用电，按动力和照明分别装表计量。

（6）临时用电的客户，应安装用电计量装置计费。

4　客户的计量方式有几种？

答　计量方式一般有高供高计、高供低计、低供低计三种方式。

高供高计：指高压供电的客户在高压侧装设电能计量装置，在高压侧计量。

高供低计：指高压供电的客户在低压侧装设电能计量装置，在低压侧计量。

低供低计：指低压供电的客户装设低压电能计量装置计量电能。

5　什么是报装容量、用电设备容量、装接容量、计费容量、受电容量、合同容量？

答　由于客户办理用电手续处在不同阶段和不同的使用目的，其用电容量可分为：

（1）报装容量：指客户在用电申请中所填报的容量，又称申请容量。

（2）用电设备容量：指客户电气设备铭牌上的额定容量

之和。

（3）装接容量（又称装见容量）：指竣工装表接电时现场客户实际接入受电电压电网上的用电设备容量。对低压客户而言，指实际安装的用电设备容量；对高压客户而言，指实际接在受电电压电网上的变压器和直配高压电动机容量之和，包括一切冷、热备用和运行的设备。

（4）计费容量：指实行两部制电价的客户计收基本电费的容量，不包括冷备用状态并经供电企业加封的设备容量。

（5）受电容量：对单电源客户而言，指该电压供电的主变容量；对双电源客户而言，同时供电互为备用时，每路的受电容量为断开高压母联后该路的主变容量；一供一备是，每路的受电容量为该路可能供电的最多的主变容量之和（但不可超过认可容量）。

（6）合同容量（又称认可容量、批准容量）：指在供电合同中经过双方协商一致的以书面形式确认的容量，即供电部门许可的客户容量。

6 客户在营业窗口办理新装业务时，应核对客户哪些资料？

答 应核对以下客户资料：

（1）申请报告，主要内容包括报装单位名称、申请报装项目名称、用电地点、项目性质、申请容量、要求供电的时间、联系人和电话等。

（2）产权证明及其复印件。

（3）对高耗能等特殊行业客户，须提供环境评估报告、生产许可证等。

（4）有效的营业执照复印件或非企业法人的机构代码证。

（5）经办人的身份证及复印件，法定代表人出具的授权委托书。

（6）政府职能部门有关本项目立项的批复文件。

（7）建筑总平面图、用电设备明细表、变配电设施设计资料、近期及远期用电容量。

7 低压供电客户供电方案的基本内容包括哪些？

答 低压供电客户供电方案应包括以下基本内容：

（1）客户基本用电信息：户名、用电地址、行业、用电性质、负荷分级，核定的用电容量。

（2）供电电压、公用配电变压器名称、供电线路、供电容量、出线方式。

（3）进线方式、受电装置位置、计量点的设置、计量方式、计费方案、用电信息采集终端安装方案。

（4）无功补偿标准、应急电源及保安措施配置、继电保护要求。

（5）受电工程建设投资界面。

（6）供电方案的有效期。

（7）其他需说明的事宜。

8 居民客户供电方案的基本内容包括哪些？

答 居民客户供电方案应包括以下基本内容：

（1）客户基本用电信息：户名、用电地址、行业、用电性质，核定的用电容量。

（2）供电电压、供电线路、公用配电变压器名称、供电容量、出线方式。

（3）进线方式、受电装置位置、计量点的设置、计量方式、计费方案、用电信息采集终端安装方案。

（4）供电方案的有效期。

9 客户用电容量配置原则是什么？如何根据负荷配置计量装置？

答 （1）客户用电容量配置原则。

1）居住区住宅以及公共服务设施用电容量的确定应综合考虑所在城市的性质、社会经济、气候、民族、习俗以及家庭能源使用的种类，同时满足应急照明和消防设施要求。

2）建筑面积在 $50m^2$ 及以下的住宅用电每户容量宜不小于 4kW；大于 $50m^2$ 的住宅用电每户容量宜不小于 8kW。

（2）根据负荷配置计量装置。

1）根据负荷大小确定负荷电流，计算公式如下。

a. 单相：$I = \dfrac{P}{U\cos\phi}$（功率 P 单位取 W，电压取 220V，功率因数 $\cos\phi$ 按 1 计算）注：按照经验，单相每千瓦按照 4.5A 电流计算。

b. 三相：$I = \dfrac{P}{\sqrt{3}U\cos\phi}$（功率 P 单位取 W，电压取 380V，农村居民客户及农业生产客户功率因数 $\cos\phi$ 按 0.85 计算）注：按照经验，三相每千瓦按照 2A 电流计算。

2）当负荷电流在 50A 及以下时，应采用直接接入式电能表；负荷电流为 50A 以上时，应采用经电流互感器接入式的接线方式。电流互感器额定一次电流的确定，应保证其在正常运行中的实际负荷电流达到其额定值的 60% 左右，至少不应小于 30%，否则应选应高动热稳定的电流互感器。

3）客户计量装置配置见表 3-1。

表 3-1 客户计量装置配置

序号	客户容量（kW）	单相供电		三相供电	
		负荷电流计算值(A)	应配计量装置	负荷电流计算值(A)	应配计量装置
1	4	18.18	5(20)	7.15	2.5(10)
2	6	27.27	10(40)	10.73	5(20)
3	8	36.36	10(40)	14.30	5(20)
4	10	45.45	15(60)	17.88	5(20)
5	15	68.18	1.5(6)配 TA100/5	26.81	10(40)
6	20	90.91	1.5(6)配 TA150/5	35.75	10(40)

续表

序号	客户容量 (kW)	单相供电		三相供电	
		负荷电流计算值(A)	应配计量装置	负荷电流计算值(A)	应配计量装置
7	25		—	44.69	15(60)
8	30		—	53.63	1.5(6)配 TA100/5
9	40		—	71.50	1.5(6)配 TA100/5
10	50		—	89.38	1.5(6)配 TA150/5

10 业务受理的危险点有哪些？如何预控？

答 （1）业扩受理的危险点有：客户申请资料不完整或与实际不符，致后续环节存在安全隐患。

（2）预控措施：受理环节严格按照《业扩报装工作规则》，全面收集客户信息。对于资料欠缺或不完整的，应告知客户先行补充完整后再报装。

11 业务办理的时限是如何规定的？

答 （1）供电方案答复期限：居民用户不超过 3 个工作日，低压电力用户不超过 7 个工作日，高压单电源用户不超过 15 个工作日，高压双电源用户不超过 30 个工作日。

（2）城乡居民客户向供电企业申请用电，受电装置检验合格并办理相关手续后，3 个工作日内送电。

（3）非居民客户向供电企业申请用电，受电工程验收合格并办理相关手续后，5 个工作日内送电。

12 什么是变更用电？变更用电包括哪些？

答 变更用电，指用户向供电企业提出减少用电容量、暂时停止用电、变更用电性质、变更用户名称、移动用电计量装置、拆换电能表、迁移用电地址以及改变供电电压、用电类别等行为的统称。变更用电包括：

（1）减容：减少供用电合同中约定的用电容量。

（2）暂停：暂时停止全部或部分受电设备的用电。

（3）暂换：临时更换大容量变压器。

（4）迁址：迁移受电装置用电地址。

（5）移表：移动用电计量装置安装位置。

（6）暂拆：暂时停止用电并拆表。

（7）更名或过户：改变用电户的名称。

（8）分户：一户分列为两户及以上的客户。

（9）并户：两户及以上客户合并为一户。

（10）销户：合同到期终止用电。

（11）改压：改变供电电压等级。

（12）改类：改变用电类别。

13 简述客户办理变更用电的业务须知。

答 （1）客户办理变更用电业务时，应办理申请手续，加盖公章，并携带原供用电合同和最近一次交纳电费发票及有关证明文件。

（2）暂停、暂换、减容的用电设备明细。

（3）迁移用电地址的应提出变更后的用电事宜、新用电地址按新装用电办理并提供有关资料。

（4）移表、拆表、改变用电类别应出具书面申请，说明原因。

（5）居民申请过户、分户、并户应携带双方户口本、房产证及最近一次交纳电费发票。

（6）机关、企事业单位、社会团体、部队等更名、过户、分户、并户，应出具双方协议，并提供新户的银行帐号、设备明细表、用电类别等。

（7）双电源客户申请过户，如新客户用电性质改变，供电企业可根据客户用电需求的具体情况调整其供电电源及供电方式。

（8）临时用电不得办理变更用电事宜。

14 对客户减少用电容量有什么规定？

答 客户减少用电容量，需在五天前向供电企业提出减容申请、供电企业按下列规定办理：

（1）客户必须是在《供用电合同》中约定的一个受电点，内部整台或整组变压器的停止或换小，供电企业在受理之日后，根据客户申请减容的日期对设备进行加封。从加封之日起，按原计费方式减收相应容量的基本电费。但客户申明为永久性减容的或从加封之日起期满二年又不办理恢复用电手续的，其减容的容量已达不到二部制电价规定容量标准时，应改为单一制电价计费。

（2）减少用电容量的期限，应根据客户的申请确定，但时间最短期限不得少于六个月，最长期限不得超过一年。

（3）在减容期间，供电企业应保留客户减少容量的使用权。客户要求恢复用电，不再交付贴费：超过有效期要求恢复用电时，应按新装或增容手续办理。

（4）在减容有效期内恢复用电时，应在5天前向供电企业办理恢复用电手续，基本电费从启封之日起计收。

（5）减容期满后的客户以及新装、增容客户，二年内不得申办减容或暂停。如确需继续办理减容或暂停的，减少或暂停部分容量的基本电费应按50％计算收取。

15 对客户暂停用电容量有什么规定？

答 客户暂停用电，须在5天前向供电企业提出暂停申请，供电企业按下列规定办理：

（1）客户在每一年内，可申请全部（含不通过变压器的高压电动机）或部分用电容量的暂时停止用电二次，每次不得少于15天，一年累计暂停时间不得超过六个月。季节性用电或国家另有规定的客户，累计暂停时间可以另议。

（2）按变压器容量计收基本电费的客户，暂停用电也必须是在《供用电合同》中约定的一个受电点，内部整台或整组变压器停止运行，供电企业在受理暂停申请后，根据客户申请暂停的日期对暂停设备加封。自加封之日起按原计费方式减收相应容量的基本电费。

（3）暂停期满或每一年内累计暂停用电时间超过六个月者，不论客户是否申请恢复用电，供电企业从期满之日起，按原合同约定的容量计收其基本电费。

（4）在暂停期限内，客户申请恢复暂停用电容量用电时，须在预定恢复日前 5 天向供电企业提出申请。暂停用电少于 15 天者，暂停期间照收基本电费。

（5）按最大需量计收基本电费的客户，申请暂停用电必须是全部容量（含不通过变压器的高压电动机）的暂停，同时遵守本条（1）～（4）款的有关规定。

16 对客户迁移用电地址有什么规定？

答 客户迁移用电地址（即受电装置的迁移），需在 5 天前向供电企业提出迁移申请，并应遵守下列规定：

（1）原址按终止用电办理，供电企业予以销户，新址用电优先办理。

（2）迁移后的新址不在原供电点供电的，新址用电按新装用电办理。

（3）迁移后的新址在原供电点供电的，且新址用电容量不超过原址容量，新址用电不再收取供电贴费。新址用电引起的工程费用由客户负担。

（4）迁移后的新址仍在原供电点，但新址用电容量超过原址用电容量的，超过部分按增容办理。

（5）私自迁移用电地址者，除按《供电营业规则》第一百条第 5 项处理外，自迁新址不论是否引起供电变动，一律按新装用电办理。

17 对客户更名或过户有什么规定？

答 客户更名或过户（依法变更客户名称或居民客户房屋变更户主），应持有关证明向供电企业提出申请，供电企业按下列规定办理：

（1）在用电地址、用电容量、用电类别不变的条件下，允许办理更名过户。

（2）原客户应与供电企业结清债务，才能解除原供用电关系。

（3）不申请办理过户手续而私自过户者，新客户应承担原客户所负的一切债务。经供电企业检查发现客户私自过户时，供电企业应通知该客户补办手续，必要时可中止供电。

18 对客户依法分户或合户用表有什么规定？

答 客户依法分户或居民合户用表需分户供电时，客户应持有关证件，向供电企业提出申请，并遵守下列规定：

（1）在用电地址、供用点、用电容量不变，且其受电装置具备分装的条件时，允许办理分户。

（2）在原户与供电方一切债务结清的情况下，再办理分户手续。

（3）分户后的新户应与供电企业重新建立供用电关系。

（4）原户的用电容量由分户者自行协商分割，需要增容的，分户后应向供电企业办理增容手续。

（5）分户的供电工程投资和材料、费用，由分户者自己负担。

（6）分户后受电装置应经供电企业检查合格，由供电企业分别装表计费。

19 对客户移动电能计量装置有什么规定？

答 客户需要移动电能表位置时，需向供电企业提出移表申请，供电企业应按下列规定办理：

（1）在用电地址、用电容量、用电类别、供电点等不变情况下，可办理移表手续；

（2）移表工作由供电企业办理，客户不论何种原因，未经许可不得移动表位，如私自移表，按违章用电处理；

（3）移表所需材料和费用，如系客户申请移表或由于客户的原因造成表位不当的，由客户负担；供电企业为加强管理而主动移表的，由供电企业负担。

20 对客户销户有什么规定？

答 客户销户，须向供电企业提出申请，供电企业应按下列规定办理：

（1）销户必须停止全部用电容量的使用。

（2）供电企业到客户处拆除电能计量装置，并检查完好性，终止供电。

（3）客户已向供电企业结清电费、办理完上述事宜后，供用电双方即解除供用电合同。

21 对客户改类有哪些规定？

答 根据《供电营业规则》中第 35 条的规定：用户改类，须向供电企业提出申请，供电企业应按下列规定办理：

（1）在同一受电装置内，电力用途发生变化而引起用电电价类别改变时，允许办理该类手续。

（2）擅自改变用电类别，应按《供电营业规则》第一百条第一项处理。

22 供电营业场所"三公开"、"四到户"、"五统一"的具体内容是什么？

答 （1）三公开：电量公开、电价公开、电费公开。

（2）四到户：销售到户、抄表到户、收费到户、服务到户。

（3）五统一：统一电价、统一发票、统一抄表、统一核算、统一考核。

23 "三不指定"的原则是指什么？

答 严格执行统一的技术标准、工作标准、服务标准，尊重客户对业扩报装相关政策、信息的知情权，对设计、施工、设备供应单位的自主选择权，对服务质量、工程质量的评价权，杜绝直接、间接或者变相指定设计单位、施工单位和设备材料供应单位。

24 何为重要电力客户？

答 重要电力客户是指在国家或者一个地区（城市）的社会、政治、经济生活中占有重要地位，对其中断供电将可能造成人身伤亡、较大环境污染、较大政治影响、较大经济损失、社会公共秩序严重混乱的用电单位或对供电可靠性有特殊要求的用电场所。

25 什么叫临时用电？

答 （1）对建房、打井、抗旱排涝、庆祝集会等客户可申请办理临时用电。临时用电一般不得超过 6 个月，逾期不办理延期或永久正式用电手续，应终止供电。

（2）临时用电手续。负责办理人员根据业扩管理人员出具的"临时用电工作传票"执行。

（3）临时用电必须安装合格表计计量，严禁无表用电（特殊情况按程序进行审批）。

26 有偿服务规范的内容有哪些？

答 （1）对产权不属于供电企业的电力设施进行维护和抢修实行有偿服务的原则。

（2）应客户要求进行有偿服务的，电力修复或更换电气材料的费用，执行省级价格主管部门核定公布的收费标准。

（3）进行有偿服务工作时，应向客户逐一列出收费项目、收费标准、消耗材料、单价等清单，并经客户确认、签字。付费后，应出具正式发票。

（4）有偿服务工作完毕后，应留下联系电话，并主动回访客户，征求意见。

二、电价电费

1 电价由谁制定和管理？

答 销售电价直接关系到用电客户的经济负担，是电力价值的具体体现，与广大用电客户有着密切的关系，《中华人民共和国电力法》对电价的制定和管理作出了专门的规定。

跨省及省级电网的销售电价是由国务院物价行政主管部门（国家发改委）或者其授权的部门（省物价局）进行管理，实行政府定价。供电企业是电价的执行单位，无权制定和更改电价，并要随时接受物价、审计等部门的监督和检查。

2 确定客户电价的依据是什么？

答 确定客户电价的依据是根据客户的用电性质、供电电压等级、受电设备容量等基本情况来确定。

3 目前陕西电力公司农村地区电价主要有哪几种？

答 目前陕西电力公司农村电价按用电类别分为居民生活照明、一般工商业、农业生产、农业排灌四类。

4 居民生活电价的适用范围是什么？

答 （1）居民家庭生活照明用电。

（2）居民普通家用电器用电。

（3）居民家庭烹饪、烘焙、取暖等生活用电。

（4）家用空调、电热设备（不论相数和容量）用电。

（5）居民生活小区、厂区、生活福利区、楼堂馆所、大型商务等使用电热锅炉、蓄热式电锅炉、空调冰（水）蓄冷装置用电执行居民生活电价标准，并按国家规定的峰谷分时电价执行。

（6）学校用电是指经国家有关部门批准，由政府及其有关部门、社会组织和公民个人举办的公办、民办学校，包括普通高等学校（大学独立设置的学校和高等专科学校）、普通高中、成人高中和中等职业学校（包括普通中专、成人中专、职业高中、技工学校）；普通初中、职业初中、成人初中；普通小学、成人小学；幼儿园、托儿所；特殊教育学校（对残疾儿童、少年实施义务教育的机构）不含校办工厂。

（7）其他家用非营业性电器用电。

（8）经县级以上人民政府部门批准的社会福利场所（指为老年人、残疾人、孤儿、弃婴提供养护、康复、托管等服务场所）的生活用电。

5 一般工商业电价应用范围是什么？

答 依据陕价价发2009〔133〕号文件，将商业、非居民照明和非普工业用电价格合并为一般工商业用电。

（1）原非居民照明电价应用范围。

1）机关、部队、医院的用电。

2）铁道、航运等信号灯用电。

3）霓虹灯、荧光灯、弧光灯、水银灯（电影制片厂摄影棚的除外）、非对外营业的放映机用电。

4）总容量不足3kW的晒图机、医疗用X光机、无影灯、消毒等用电。

5）以电动机带动发电机或整流器整流供给照明的用电。

6）工业用单相电动机，其总容量不足1kW，或工业用单相电热设备，其总容量不足2kW，而又无其他工业用电。

7）大工业用户属于生活福利性质的空调用电。

8）以蒸气、煤气、油等为能源，吸收式或直燃式的空调设备本身的用电。

9）各单位生活福利性质的烘焙设备用电。

10）冶炼、烘焙、熔焊、电解、电化、空调、电热等用电，凡属生活性质的或者属于非工业性质，其容量在3kW以下的用电。

11）在非工业用户中，除地下铁道、基建工地和地下防空设施的照明以外，其他用户的生产照明用电。

12）其他规定。

a. 路灯。对市政府部门管理的公共道路、桥梁、码头、公共厕所、公共水井用灯、标准钟、报时电笛、公安部门交通指挥灯、公安指示灯、警亭用电以及不收门票的公园内路灯等用电，均应按照非居民照明电价计收电费。

b. 实行大工业电价的用户，其生产车间内的各种空调设备用电，按原规定计收电费。其他用户凡空调设备（包括窗式、柜式空调机、冷气机组及其配套附属设备）用电，不论相数多少、容量大小、装在何种场所、调冷还是调热，均按非居民照明电价计收电费。

c. 在非工业用户中，凡属生活性质的或者属于非工业性质，其容量在 3kW 以下者（地下铁道、基建工地和地下防空设施的照明除外），按非居民照明电价计收电费。

（2）原商业电价应用范围。凡从事商品交换，提供有偿服务等的电力用户的用电：

1）商品销售业：如商场、商店、批发中心、超市、加油站等。

2）物资供销、仓储业：如物资公司、仓储等。

3）宾馆、饭店、招待所、旅社、酒店、咖啡厅、茶座、餐馆、美容美发厅、浴室、休闲中心等。

4）文化娱乐场所：如收费的旅游点、公园、影剧院、录像放映点、游戏机室、健身房、保龄球馆、游泳池、歌舞厅、卡拉OK 厅等。

5）修理、修配服务业及其他服务业：如洗染衣、彩扩、摄影店等。

6）金融、证券、保险等业务用电。

（3）原非工业用电电价应用范围。凡以电为原动力或以电冶炼、烘焙、熔燃、电解、电化的非工业性生产、试验用电，其总容量在 3kW 及以上的用电：

1）机关、部队、学校、医院及学术研究、试验等单位的电动机、电热、电解、电化、冷藏等用电。

2）铁道、地下铁道（包括照明）、管道输油、航运、电车、电讯、广播、仓库、码头、飞机场及其加油站、打气站、充电站、下水道等处（所）的电力用电。

3）电影制片厂摄棚水银灯用电。

4）基建工地施工用电（包括施工照明）。

5）地下防空设施的通风、照明、抽水用电。

6）从地下室、防空洞和室外抽取冷风的风机用电，从蓄水池深水井抽水用于空调的风机、水泵等用电。

7）冷藏仓库、活动冷库、冰棍机、生产豆芽菜、菌类、食品加工等电热用电，总容量在 3kW 及以上用电。

8）有线、无线广播站、电视台、信息台、传呼台等用电（不分设备容量大小）。

（4）原普通工业电价应用范围。凡以电为原动力，电冶炼、烘焙、熔焊、电解、电化的一切工业生产，受电变压器容量不足 315kVA 或低压受电以及在上述容量、受电电压以内的下列各项用电：

1）机关、部队、学校及学术研究、试验等单位的附属工厂生产用电，或对外承受生产、修理业务的生产用电。

2）铁道、地下铁道、航运、电车、电讯、下水道、建筑部门及部队等单位的修理工厂生产用电。

3）自来水厂、工业试验、照相制版工业水银灯用电。

4）中小化肥生产用电分配指标内的电量执行普通工业化肥优待电价，超基数执行普通工业电价。（现执行为中、小化肥生产用电）

5）其他规定。

a. 普通工业用户的照明用电（包括生活用电和生产照明）应分表计量。如暂时不能分表，可根据实际情况合理计算电度，按相应电价计收电费。

b. 对受电变压器容量在 100～315kVA 的电解铝、电石、电

炉铁合金、电解烧碱、电炉钙镁磷肥、电炉黄磷、合成氨的用
电，可继续执行大工业电价或比照同类大工业电价水平核定单一
电价。

6 **哪些属于农业生产用电电价？**

答 （1）农村、国有农场、牧场、电力排灌站和垦殖场、养
殖场、学校、机关、部队以及其他单位举办的农场或农业基地的
农用电梨、打井、打场、脱粒、积肥、育秧、社员口粮加工（非
商品性的）、牲畜饲料加工、防汛临时照明和黑光炉捕虫的用电，
均按农业生产电价计费。

（2）其他规定。除上述的各项农业生产用电外，按下列电价
计费：

1）农副产品加工、农机农具修理和炒茶、鱼塘等的抽水、
灌水等用电执行非普工业电价。农业经济作物、养殖业、口粮加
工用电一律执行农业生产电价。

2）农村举办的乡镇工业，符合大工业条件的应执行大工业
电价。

7 **农业排灌电价应用范围有哪些？**

答 凡属农田排涝、灌溉、山区、高原地区人、畜饮水的用
电，均按农业排灌电价计费。

50～100m 的深井应执行深井、高扬程电价。

8 **电量电费如何计算？**

答 电量电费是依据客户实际耗用电量（结算电量）和国家
批准的电量电价计算而来。其计算公式为：电量电费＝结算电
量×电量电价。

9 **电力客户在供电企业工作人员收缴电费时，都有哪些**
义务？

答 应当按照国家核准的电价和用电计量装置的记录，按照
国家规定的电价，并按照规定的期限、方式或者合同约定的办

法，交付电费，不得拖延或拒交电费，用户对供电企业查电人员和抄表收费人员依法履行职责，应当提供方便。

10 电费违约金如何收取？

答　客户在供电企业规定的期限内未交清电费时，应承担电费滞纳的违约责任。电费违约金从逾期之日计算到交纳日止。每日电费违约金按下列规定计算：

（1）居民客户，每日按欠费总额的 1‰计算。

（2）其他客户，当年欠费部分，每日按欠费总额的 20‰计算；跨年度欠费部分，每日按欠费总额的 3‰计算。

电费违约金收取总额按日累加计收，总额不足 1 元者按 1 元收取。

11 客户过户、分户、并户、销户时如何处理欠费问题？

答　办理过户时，原客户应与供电企业结清债务，才能解除原供电关系。不办理过户手续私自过户者，新客户应承担原客户所负担的债务。

办理分户时，应在原客户与供电企业结清债务的情况下，再办理分户手续。

办理并户时，原客户应在并户前向供电企业结清债务。

办理销户时，客户必须向供电企业结清电费。

12 电费在计量和收取后出现误差该如何处理？

答　《供电营业规则》第八十条规定，由于计费计量的互感器、电能表的误差及其连接线电压降超出允许范围或其他非人为原因致使计量记录不准时，供电企业应按规定退补相应电量的电费；退补期间，用户先按抄见电量如期交纳电费，误差确定后，再行退补。

13 城乡居民和企事业单位如何交纳电费？

答　（1）为城乡居民提供的缴费方式有：

1）到供电局客户服务大厅或各供电所营业厅网点缴费。

2）委托银行从银行卡或存折扣款。

3）在银行窗口柜台现金缴费。

（2）为企事业单位提供的缴费方式有：

1）企事业单位通过开户银行联网划拨。

2）银行托收、转账方式交纳电费。

3）直接到供电营业厅以现金形式交费。

（3）推荐的缴费方式有：委托银行扣款、银行托收、网上银行缴费等。

14 对客户拒缴电费有哪些规定？

答 电能是一种特殊的商品，供电部门有责任不间断的向客户提供合格的电能，客户在消费商品的同时有义务缴纳电费，发生纠纷时应当通过正当渠道反映或解决问题，拒缴电费是违法行为。按法律法规规定客户逾期未交纳电费的，供电企业可以从逾期之日起每日按电费总额 1‰～3‰ 加收滞纳金，自逾期之日起超过 30 天仍未交纳电费的，经催缴仍拒缴的，供电部门按国家规定程序中止供电。

15 回收电费要注意哪些措施和技巧？

答 电费回收工作中应充分利用法律所赋予的权力做好电费催收工作，要注意把握回收电费的措施和技巧，千方百计回收电费。

（1）电费回收人员应发扬"三千精神"不厌其烦的上门催费，耐心细致的向客户宣传电费回收政策。

（2）多方掌握客户的生产动态、资金流向，但应注意为客户保密。

（3）想客户所想，帮助客户解决用电的难题，为客户的降损节能出谋划策，合理降低客户用电成本。

（4）要充分运用各方面公共关系催缴电费。特别是要争取政府和客户主管部门的支持，经常汇报欠费情况，争取主动，避免说情等。

（5）利用技术手段催费；对信誉度不高的客户要采取装设预付费电卡表、负荷管理控制系统等有效技术措施催费。

（6）合理利用政策，对欠费客户停止办理一切变更用电手续，不予开具增值税发票。

（7）严格执行电费违约金制度及欠费停限电制度。

（8）向欠费客户催费时，申请司法介入，在发送停电通知书时，同时发送律师意见函。

（9）对长期拖欠电费或屡次拖欠电费被供电企业停电超过两次的客户，可终止供用电合同，解除供用电关系，客户需要恢复供用电关系，按新装用电办理。

16 欠费停限电的审批权限是什么？

答 居民客户和用电容量在 100kVA 以下普通工业和非工业客户，限期催缴电费停限电通知书的审批根据公司相关规定批准签发。

除上述以外的客户，限期催缴电费停限电通知书由市公司批准签发。

对停电可能引起人身伤亡，发生重大设备事故和政治影响的重要客户，限期催缴电费停限电通知书由市公司主管部门审核、分管副总经理批准签发。

17 为保证抄录工作的顺利进行，抄表前应做好哪些准备？

答 为保证抄录工作的顺利进行，抄表前应做到：

（1）了解所负责抄表的区域和客户情况，特别是新装客户的基本资料。

（2）掌握抄表日的排列顺序。

（3）合理设计抄表线路。

（4）检查应配备的抄表工具。

18 抄表期间需注意哪些事项？

答 （1）现场抄表时，抄表员必须要见表抄录示数，一般客户抄全所有整数位数；如果客户装有计量互感器，应抄录示数的小数位。

（2）对于多功能电能表要检查有无反向电量，如有反向电量，也应抄录反向电量，并做好记录。

（3）抄表当月最大需量的示数时，还必须抄录上月需量的冻结数。

（4）对于有分表的客户，除抄录客户的总表示数外，客户的所有分表也必须同步抄录。

（5）抄录新装和变更用户的电能表示数时应注意：

1）核对客户的户名、地址、电表编号。

2）核对客户的用电性质、电价、互感器变比和变压器容量。

3）核对电能计量装置的情况。

4）核对总、分表关系。

5）核对功率功率因数调整电费考核标准是否正确。

19 抄表时遇到客户门锁应如何处理？

答 抄表过程中，遇到表计安装在客户室内，客户门锁无法抄表时，抄表员应设法与客户取得联系入户抄表或在抄表周期内另行安排时间抄表。对确实无法抄见的一般居民客户，只可估抄一次。如系经常门锁客户，应与客户约时上门抄表或向公司建议将客户表计移到室外。

20 估抄电表有何规定？

答 抄表员在抄录居民电能表过程中遇到无法见表抄录，经过多次努力后，仍不能按期抄到客户表计，可根据客户上月用电量估抄。但同一居民客户不得连续两次估抄，且当月估抄客户数不能超过应抄户数的2%。其他客户禁止估抄。

21 发现客户用电量突变应如何处理？

答 抄表过程中发现客户电量突变，应核对抄录示数是否正确；检查计量装置是否正常；了解客户生产情况；对用电大户及电量变化异常的客户，抄表结束后还应向班长汇报。

22 如何通过客户的用电情况比较发现问题？

答 对于相同用电性质的客户，他们之间的用电量或用电结构应和容量存在相对固定的比例关系，如果用电量或用电结构不对应，应认真进行分析，防止发生高价低接、低价高接、计量故障、违约窃电等问题。

23 如何安排抄表线路？

答 安排抄表线路时应该注意：

（1）抄表线路的安排应考虑到地理环境对抄表工作的影响，尽量减少抄表员往返的路程，提高工效。

（2）对具备条件的应按台区抄表，方便线损的统计和考核。

（3）抄表线路的安排应满足对抄表员考核的要求。

24 抄录电能表示数的基本要求是什么？

答 抄录电能表示数时，要求做到：

（1）现场抄表，抄表员必须见表抄示数。

（2）抄表员应根据电表计数器（液晶）上的示数抄录，一般客户抄全所有整数位数；如果客户装有计量互感器，还应抄录示数的小数位。

（3）对于有分表的客户，除抄录客户的总表示数外，客户的所有分表也必须同步抄表。

（4）对于多功能表还应检查有无反向电量，如有反向电量，也应抄录反向电量，并做好记录。

（5）对使用集抄和负控等方式采集的客户示数，应进行检查核对。

25 什么叫电能表示数"翻转"？

答 电能表示数已超过最大记录示数时，重新从 0 开始计数，称为电能表示数"翻转"。

如：一个电能表是 5 位表，当用电量超过 99999 时，重新由

00000 开始计数的过程叫"翻转"。

三、电能计量

1 **什么是电能表?**

答 电能表又称电度表。电是商品,有了电能的交换就必须有记录用电数量的手段,电能表是一种专门用于计量电能的电气仪表。凡是有用电的地方,都应该安装电能表。

2 **电能表的种类有哪些?**

答 按相别分为单相、三相电能表,按结构原理分为感应式电能表(机电式电能表)和电子式电能表,而复费率电表是在上述单相表中增加了分时计量功能的电表。

3 **电能表铭牌上如何标注电能表的工作电流大小?**

答 电能表铭牌上标注的电流为标定电流和最大工作电流,如某表注电流为 5(20)A,表示此表标定电流为 5A,最大工作电流为 20A。

4 **如何安全使用电能表?**

答 首先观察电能表铭牌上最大电流量程是多少,再与客户所用电电器的总电流进行比较,如果大于电能表上最大电流量程时,为客户安全考虑,请客户到供电部门办理增容手续,进行换表等工作。如:单相电能表上最大量程是 20A,这样计算:20A×220V=4400W,也就是客户可以使用 4400W 以内的用电设备。

5 **什么是电能表常数?**

答 电能表转动一定转数,电能表的计数器才能前进一度,这个转数,称之为电能表常数,电能表常数会标注在电能表面板上,其单位为 r/kWh,表示为每千瓦时转。

由于电能表常数不同,记录相同的电能,常数小的电能表转动的速度慢，常数大的电能表转动的速度快。

6　如何知道电能表是否正常工作？

答　如果客户使用的是感应式电能表，从电表正面观察表内铝制转盘在用电的时候应该是转动的，在不用电的时候应不转动。如果客户使用的是电子式电能表，从电表正向观察铭牌上的指示灯，在用电的时候指示灯应一亮一灭闪烁，在不用电的时候应常亮或熄灭。

7　电能表与计量装置出现故障怎么办？

答　客户电能表、互感器等计量装置发生故障时，应及时通知当地供电部门进行处理。

8　电能表损坏、遗失，由谁负责？

答　电能表是计量用户电量的装置，是用户依此记录的电量向供电部门交纳电费的依据，按《供电营业规则》第七十七条规定，"计费电能表装设后，用户应妥为保护，不应在表前堆放影响抄表或计量准确及安全的物品。如发生计费电能表丢失、损坏或过负荷烧坏等情况，用户应及时告知供电企业，以便供电企业采取措施。如因供电企业责任或不可抗力致使计费电能表出现或发生故障的，供电企业应负责换表，不收费用；其他原因引起的，用户应负担赔偿费或修理费。"

9　如果客户认为电能表不准确，怎么办？

答　当客户怀疑电能表不准确时，可到当地质量技术监督局授权的计量检测机构申请检测。

按照《供电营业规则》第七十九条规定，客户在申请校表时，先应按物价局规定标准交纳校表费。检定后，若电能表的误差在允许范围内，验表费不退；若电能表的误差超出允许范围时，除退还验表费外，并应按《供电营业规则》相关条例退补电费。

若客户对检验结果有异议时，可向更上一级的计量检定机构申请检定或仲裁。

10 停电、烧表电量如何保存？

答 单相电子式电能表采用了大规模集成电路以及先进的LCD大屏幕显示方式，取消了机械计度装置，降低了功耗，但有的客户担心，停电后，电量能否正常保存？停电以后电量如何保存。

电子式电能表的电量保存在两个芯片中，一个是当前电量，停电时依靠锂电池保存在一个芯片中，锂电池寿命大于10年，电量保存时间10年以上；另一个是上月结算电量，保存在另一个芯片中，这个芯片停电后不需要电池保存，保存时间为40年以上。所以在电能表使用期限内，电量信息不会因停电而丢失。

11 计量装置烧坏时会使存储装置烧毁吗？

答 机械式电表烧表主要是电压线圈或电流线圈过压或过流，引起电表过热而烧毁，而电子式电表由于并无功率型的电压、电流线圈，而是功耗极低的电子采样电路，所以本身电子表比机构表过压、过流功能大得多，不易烧毁。电子表的电流采样元件是锰铜片，其过载能力很强。即使电表发热，如电表内电源变压器发热，由于其电表内部并无金属部件，一个部分发热，并不容易传到其他地方。这样最后结果是电表电源变压器被烧坏继而不发热，但它不会引起整表的烧毁。所以与机械表比较电子表出现烧表可能性较小，而烧表后无法正常使用时，计量人员将在监督下更换电能表，以技术手段用掌上电脑通过电能表的红外通讯接口读出电量数据。

12 用电计量装置安装在什么地方比较合理？

答 《电力供应与使用条例》、《供电营业规则》规定，用电用户应当安装用电计量装置。用户使用的电力、电量，以计量检定机构依法认可的用电计量装置的记录为准。用电计量装置，原则上应装在供电设施与受电设施的产权分界处，安装在用户处的用电计量装置，由用户负责保护。如产权分界处不适宜装表的，对专线供电的高压用户，可在供电变压器出口装表计量；对公用线路供电的高压用户，可在用户受电装置的低压侧计量。当用电计量装置不安装在产权分界处时，线路与变压器损耗的有功与无功电量均须由产权所有者负担。在计算用户基本电费（按最大需量计收时）、电度电费及功率因数调整电费时，应将上述损耗电量计算在内。

13 运行中电能计量装置的检查方法有哪几种？

答 （1）直观检查。核对表号、容量、电流互感器变比是否与报装一致；检查电能表转动是否正常，有无卡盘、时走时停现象；检查接线端子有无过负荷烧坏痕迹；检查接线和电流互感器极性端是否正确一致；观察电能表铭牌、表壳玻璃是否发黄，若发黄，说明电流线圈可能过流，需要拆表校验。

（2）现场测量。主要是对经电流互感器接入的电能表和负荷较大的直配表进行，对电量有异议的居民客户也可测量。测量顺序如下：

1）测量电压是否正常，判断电压线和 U 型环是否接触良好、有无断线。其次测量电流，用钳形电流表测量相电流及一、二次电流变化是否一致，判断倍率是否正确，二次回路是否存在短路、开路现象，接触是否良好等。

2）误差分析，使用钳形电流表、秒表法现场测量误差，主要检查计量装置二次回路是否存在短路、断线等故障，检查电流互感器倍率是否正确，判断电能表有无明显超差，一般现场误差超过 1/3 以上，应着重检查回路和电流互感器故障，误差超过 5%，应拆表校验。负荷较大时，应测量 5 转以上，以减少误差。

3）校核常数和相序测定，校核常数是比较转动圈数与电能表走字是否与铭牌常数一致。对于装设无功表计的客户，在无功表计倒转或不转时需要测定相序以判断是相序错误还是客户倒送无功。

14 运行中电能表常见故障有哪几种？

答 （1）空转：铝盘转动正常，但表不走字。可能是机械部件问题，拆表校验。

（2）不转：用电正常，表不转，可能存在电压线圈烧坏、回路断线或电压回路接触不良，或者过负荷发热造成线圈变形卡盘，或者磁铁间有异物卡盘，或者客户窃电，绕越计量用电，应首先测量电压是否正常，检查线路，排除线路故障后拆表校验。

（3）倒转：一般是电流进出线接反或表内部电流线圈接反，电流互感器接入式三相四线表可能存在互感器极性错误，应现场检查线路和接线，属表计内部故障，应校验。

（4）跳字：计数器故障，拆表校验。

（5）潜动：拉开计量装置后隔离开关，电能表转动超过一周，应拆表校验。

（6）烧损：观察表壳是否发黄，接线端子是否有烧坏痕迹，或现场测量误差是否合格等判断。

（7）表响：铁芯组装不紧凑或电压线圈产生的噪声，以及元件上的调整装置，漏磁气隙内所嵌的铜片或螺丝松动都会产生噪声，它对误差影响小，也不会影响电能表寿命。

15 由于计量装置失准，计量错误时如何处理？

答 由于计费计量的互感器、电能表的误差及其连接电压降超出允许范围或其他非人为原因导致计量记录不准确时，供电企业应按下列规定退补相应电量的电费。

（1）互感器或电能表的误差超出允许范围时，以"0"误差为标准，按验证后实际的误差值退补电量。退补时间从上次校验或换装后投入之日起至误差更正之日的1/2时间计算。

（2）连接线的电压降超出允许范围时，以允许电压降为基准，按验证后实际值与允许值之差补收电量。退补时间从连接投入或负荷增加之日起至电压降更正之日止。

（3）其他非人为原因致使计量记录不准时，以客户正常月份的用电量为基准，退补电量，退补时间按抄表计量确定。

退补期间，客户先按抄见电量如期缴纳电费，误差确定后，再行退补。

16 用电计量装置接线错误、保险熔断、倍率不符等原因，使电能计量或计算出现差错时，供电企业应如何退补电量？

答　（1）计费计量装置接线错误的，以其实际记录的电量为基数，按正确与错误接线的差额率退补电量，退补时间从上次校验或换装投入之日起至接线错误更正之日止。

（2）电压互感器熔丝熔断的，按规定计算方法计算值补收相应电量的电费；无法计算的，以客户正常月份用电量为基准，按正常月与故障月差额补收相应电量的电费，补收时间按抄表记录或按失压自动记录仪记录确定。

（3）计算电量的倍率或铭牌倍率与实际不符的，以实际倍率为基准，按正确与错误倍率的差值退补电量，退补时间以抄表记录为准确定。退补电量未正式确定前，客户应先按正常月用电量交付电费。

17 居民搬家，电表是否可拆走？

答　居民搬家，电表不能拆走，因为电表属于供电企业的产权。

18 电能计量装置由哪些部分组成？

答　电能计量装置包含各种类型电能表，计量用电压、电流互感器及其二次回路、电能计量柜（箱）。

19 三相四线电能表接线时，应注意哪些事项？

答　三相四线电能表接线时，应注意：

（1）因为三相电能表都是按正相序检定的，所以应按正相序接线，否则便会产生计量附加误差。

（2）中性线不能与相线颠倒，否则可能烧坏电能表。

（3）与中性线对应的端钮一定要接牢，否则可能因接触不良或断线产生的电压差引起较大的计量误差。

（4）若三相四线电能表是总表，则进表的中线不能剪断接入表内，否则一旦发生接头松动，将会出现低压线路断中线的现象。

20 电能计量装置哪些部位应加封？

答 电能计量装置下列部位应加封：

（1）电能表两侧表耳。

（2）电能表尾盖板。

（3）试验接线盒防误操作盖板。

（4）电能表箱（柜）门锁。

（5）互感器二次接线端子及快速开关。

（6）互感器柜门锁。

（7）电压互感器一次隔离开关操作把手、熔管室及手车摇柄。

21 电能计量装置新装完工后电能表通电检查内容是什么？有关检查方法的原理是什么？

答 （1）测量电压相序是否正确，拉开用户电容器后有功、无功表是否正转。因正相序时，断开用户电容器，就排除了过补偿引起的无功表反转的可能，负载既然需要电容器进行无功补偿，因此必定是感性负载。这样有功、无功表都正转才正常。

（2）用验电笔验电能表外壳中性线接线柱，应无电压，以防电流互感器二次开路或漏电。

（3）若无功电能表反转，有功表正转，可用专用短路端子使电流互感器二次侧短路，拔去电压熔丝后将无功表 U 相电压、电流与 W 相电压、电流对调。

（4）在负载对称情况下，三相二元件低压表拔出中相电压线，电能表转速应慢一半左右。

22 发现新表不走，应如何处理？

答 发现新装表不走时，首先在现场应检查用户是否有窃电行为。若无窃电行为，应立即填写故障工作单，进行换表，其用电量按换表后实际用电量追加装表之日至换表日前的用电量计收电费。若发现用户有窃电行为，则按窃电处理，即按电能表标定电流值所指容量乘以实际窃用时间计算并确定窃电量计收电费，并收取补收电费 3 倍的违约使用电费。

23 低压装表方式有何规定？

答 （1）不同电价的用电应分别装表。

（2）单相供电的，装一只单相表。

（3）三相四线供电的，装一只三相四线表。

24 电能表的安装有何要求？

答 （1）按照 DL/T 5137—2001 的规程规定安装计费电能表。

（2）低压表箱下沿距离地面高度应为 1.7～2m，暗式表箱下沿离地面高度应在 1.5m 左右，计量柜表箱下沿离地面高度应为 1.2m。

（3）电能表与保护装置合装于继电器屏上时，电能表宜装于屏中部，其水平中心线宜距地面 0.8m 以上。

（4）配电装置处的配电柜、配电箱上的电能表的水平中心线宜距地面 0.8～1.8m。

（5）电能表的安装应垂直，倾斜度不能超过 1°。

（6）当几只电能表装在一起时，表间距离不应小于 60mm。

（7）对 10kV 及以下电压供电客户，应配置专用的电能计量箱（柜）。

25 动力配电箱安装时一般应满足哪些要求？

答 （1）确定配电箱安装高度。暗安装时底口距地面为 1.4m，明装时为 1.2m，但明装电能表箱应加高到 1.8m。配电箱安装的垂直偏差不应大于 3mm，操作手柄距侧墙的距离不应小于 200mm。

（2）安装配电箱墙面木砖、金具等均需随土建施工预先埋入墙内。

（3）在 240mm 厚的墙壁内暗装配电箱时，在墙后壁需加装 10mm 厚的石棉板和直径为 2mm、空洞为 10mm 的铁丝网，再用 1∶2 水泥砂浆抹平，以防开裂。

（4）配电箱与墙壁接触部分均应涂刷防腐漆，箱内壁和盘面应涂刷两道灰色油漆。

（5）配电箱内连接计量仪表、互感器等的二次侧导线，应采用截面积不小于 2.5mm² 的铜芯绝缘导线。

（6）配电箱后面的配线应排列整齐、绑扎成束，并用卡钉紧固在盘板上。从配电箱中引出和引入的导线应留出适当长度，以利于检修。

（7）相线穿过盘面时，木制盘面需套瓷管头，铁制盘面需装橡皮护圈。零线穿过木制盘面时，可不加瓷管头，只需套上塑料管套即可。

（8）为了提高动力配电箱中配线的绝缘强度和便于维护，导线均需按相位颜色套上软塑料套管，分别以黄、绿、红、黑色表示 A、B、C 相和中性线。

26 电能表的轮换和校验周期是如何规定的？

答 （1）轮换周期：单相电能表每 5 年轮换一次；双宝石轴承电能表轮换周期为 10 年；电子式电能表轮换周期一般为 5 年，但根据实际使用情况，经省级以上计量检定机构批准可延长到 5~10 年。

（2）现场校验周期：一类电能表每 3 个月校验 1 次；二类电能表每半年校验一次；三类电能表每 1 年校验 1 次；其他电能表每 2 年轮换代替校验。

27 运行的感应式电能表发生潜动现象的原因大致有哪些？

答 （1）实际电路中有轻微负荷。如配电盘上的指示灯、带灯开关、负荷定量器、电压互感器、变压器空载运行等，这时电能表圆盘转动是正常的。

（2）潜动试验不合格。

（3）没有按正相序电源进行接线。

（4）三相电压严重不平衡。

（5）因故障造成电能表潜动。

28 **目前供电所在计量管理工作中承担哪些工作？**

答 供电所在计量管理工作中承担运行表计的资产管理、安装拆换，低压计量装置的配置，以及制定安排周期轮换计划，检查处理安装使用中的故障差错，接受安排非定期检验等工作。

四、违章用电

1 **违约用电行为有哪些？**

答 （1）擅自改变用电类别。

（2）擅自超过合同约定的容量用电。

（3）擅自超过计划分配的用电指标。

（4）擅自使用已经在供电企业办理暂停使用手续的电力设备，或者擅自启用已经被供电企业查封的电力设备。

（5）擅自迁移、更动或擅自操作供电企业的用电计量装置、电力负荷控制装置、供电设施以及约定由供电企业调度的用户受电设备。

（6）未经供电企业许可，擅自引入、供出电源或者将自备电源擅自并网。

2 **供电企业对违约用电行为如何处理？**

答 用户用电不得危害供电、用电安全和扰乱供电、用电秩序。对危害供电、用电安全和扰乱供电、用电秩序的，供电企业有权制止。供电企业按下列规定追究违约用电者的违约责任：

（1）在电价低的供电线路上，擅自接用电价高的用电设备或私自改变用电类别的，应按实际使用日期补交其差额电费，并承担 2 倍差额电费的违约使用电费。使用起止日期难以确定的，实际使用时间按 3 个月计算。

（2）私自超过合同约定的容量用电的，除应拆除私自增容设备外，属于两部制电价的用户，应补交私增设备容量使用月数的基本电费，并承担 3 倍私增容量基本电费的违约使用电费；其他用户应承担私增容量每千瓦（kVA）50 元的违约使用电费。如用户要求继续使用者，按新装增容办理手续。

（3）擅自超过计划分配的电力、电量指标用电的，应责成其停止超用，按国家有关规定限制其所用电力并扣还其超用电量或按规定加收电费。

（4）擅自使用已经在供电企业办理暂停手续的电力设备或启用已经被供电企业封存的电力设备的，应再次封存该电力设备，停止其使用，并按规定追收基本电费和加收电费。

（5）擅自迁移、更换或擅自操作供电企业的用电计量装置、电力负荷控制装置、供电设施以及合同约定由供电企业调度的用户受电设备的，应责成其改正，并按规定加收电费。

（6）未经供电企业许可，擅自引入、供出电源或者将自备电源擅自并网的，应责成用户当即拆除接线，停止侵害，并按规定加收电费。

3 窃电行为有哪些？

答 窃电行为包括：

（1）在供电企业的供电设施上，擅自接线用电。

（2）绕越供电企业的用电计量装置用电。

（3）伪造或者开启法定的或者授权的计量检定机构加封的用电计量装置封印用电。

（4）故意损坏供电企业用电计量装置用电。

（5）故意使供电企业的用电计量装置计量不准或失效用电。

（6）采用其他方法窃电。

4　供电企业对窃电行为如何处理？

答　供电企业对查获的窃电者应予制止，并可当场中止供电。窃电者应按所窃电量补交电费，并承担补交电费三倍的违约使用电费。对拒绝承担窃电责任的，供电企业应报请电力管理部门依法处理。窃电数额较大或情节严重的，供电企业应提请司法机关依法追究刑事责任。

5　窃电电量如何确定？

答　（1）在供电企业的供电设施上，擅自接线用电的，所窃电量按私接设备额定容量（kVA 视为 kW）乘以实际使用时间计算确定。

（2）以其他方式窃电的，所窃电量按计费电能表标定电流值（对装有限流器的，按限流器整定电流值）所指的容量（kVA 视为 kW）乘以实际窃电时间计算确定。窃电时间无法查明是，窃电时间至少以 180 天计算，每日窃电时间：电力用户按 12h 计算；照明按 6h 计算。

6　关于盗窃电能在《刑法》中是如何规定的？

答　（1）《刑法》第 263 条规定："以暴力、威胁或者其他方法抢劫公私财物的，处以 3 年以上 10 年以下有期徒刑，并处罚金。"

（2）《刑法》第 264 条规定："盗窃公私财物，数额较大或者多次盗窃的，处 3 年以下有期徒刑、拘役或者管制，并处罚金；数额巨大或者有其他严重情节的，处 3 年以上 10 年以下有期徒刑，并处罚金；数额特别巨大或者有其他特别严重情节的，处 10 年以上有期徒刑或者无期徒刑，并处罚金或者没收财产。"

（3）《刑法》第 269 条规定："犯盗窃、诈骗、抢劫罪，为窝藏赃物、抗拒批捕或者毁灭罪证而当场用暴力或者以暴力相威胁的，依照本法第 263 条的规定定罪处罚。"

7 哪些违反《电力法》的行为应给予治安处罚？

答 有下列行为之一，应当给予治安管理处罚的，由公安机关依照治安管理处罚条例的有关规定予以处罚，构成犯罪的，依法追究刑事责任：

（1）阻碍电力建设或者电力设施抢修，致使电力建设或者电力抢修不能正常进行的。

（2）扰乱电力生产企业、变电所、电力调度机构和供电企业的秩序，致使生产、工作和营业不能正常进行的。

（3）公然侮辱、殴打履行职务的查电人员或者抄表收费人员的。

（4）拒绝、阻碍电力监督检查人员依法执行公务的。

8 如何处理在电价低的供电线路上擅自接用电价高的用电设备或私自改变用电类别的客户？

答 对此类客户应按实际使用日期补缴其差额电费，并承担两倍差额电费的违约使用电费。使用起止日期难以确定的，实际使用时间按 3 个月计算。

9 对私自增加用电设备容量的违约行为应如何处理？

答 私自超过合同约定的容量用电的，除应拆除私增设备外，并承担 3 倍私增容量 50 元/kW 的违约使用电费。

10 对电力计量违法违章用户应该采取什么措施？

答 根据《电力供应与使用条例》规定，擅自迁移、更改或擅自操作供电企业的用电计量装置的行为属于危害供电、用电，扰乱正常供电、用电秩序的行为，供电企业可以根据违章事实和造成的后果追缴电费，并按照国务院电力管理部门的规定加收费用和国家规定的费用，情节严重的可按照国家规定程序停止供电。

绕越供电企业在供电设施上擅自接线用电、伪造或者开启法定或者是授权的计量检定机构加封的用电计量装置封印用电、故意损坏供电企业用电计量装置、故意使供电企业的用电计量装置计量不准或失效的行为均属于窃电行为，电力管理部门应责令停止违法行为，追缴电费并处以 5 倍以下的罚款，构成犯罪的依法追究刑事责任。

五、用电检查

1　用电检查工作的内容有哪些?

答　用电检查工作的内容有:

(1) 客户执行国家有关电力供应与使用的法规、方针、政策、标准、规章制度情况。

(2) 客户端受（送）电装置中电气工程施工质量。

(3) 客户端受（送）电装置中电气设备运行安全情况。

(4) 客户保安电源。

(5) 客户反事故措施。

(6) 客户电工的资格、进网作业安全状况及作业安全保障措施。

(7) 客户执行计划用电、节约用电的情况。

(8) 用电计量装置等的安全运行情况。

(9) 供用电合同及有关协议履行情况。

(10) 受电端电能质量情况。

(11) 违章用电和窃电行为。

(12) 并网电源、自备电源并网安全状况。

2　用电检查的主要范围是客户受电装置，但哪些情况下，检查的范围可延伸?

答　在下列情况下，检查的范围可延伸到相应目标所在处:

(1) 有多类电价的，可延伸到按不同电价计费的用电设备。

(2) 有自备电源设备的，可延伸检查到自备电源与电网电源的分界点。

(3) 有二次变压配电的，可延伸检查到二次变压器的接地装置，绝缘性能和过流、过压、短路、瓦斯保护等装置。

（4）有影响电能质量的用电设备的，可延伸检查到有大电流频繁启动的设备和谐波源设备。

（5）有违章现象的，可延伸检查到违章的用电设施和责任人。

（6）按客户主动要求帮助检查的内容和范围。

（7）法律规定的其他用电检查，如文化娱乐场所、仓库和易燃易爆场所等预防电气火灾事故的检查。

3 用电检查的程序是什么？应办理哪些手续？

答 供电所用电检查人员赴客户现场进行检查，必须具有和被检查客户供电电压相应等级的《用电检查证》，并且不得少于2人。

用电检查员在执行任务前应按规定填写《用电检查工作单》，并经审核，检查工作结束应将《用电检查工作单》交回存档。

4 对用电检查的纪律有何要求？

答 （1）用电检查人员执行用电检查任务时，应持《用电检查证》上岗工作，并按领导审批后的《用电检查工作证》规定项目和内容进行检查。

（2）用电检查人员在执行用电检查任务时，要依法检查、廉洁奉公、不徇私舞弊、不以电谋私。违反上述规定的，依据有关规定给予经济的、行政的处分；构成犯罪的，依法追究刑事责任。

5 什么是营业普查工作？

答 营业普查工作是电力营销工作的基础工作之一，是供电企业通过采取集中检查力量和时间，在较大范围内对客户基本用电情况进行复核的一种手段。通过营业普查，可以及时了解客户用电负荷的变化情况，可以了解客户用电安全情况，发现电力营销过程中的一些差错情况，完善客户基础资料的管理。

6 营业普查工作的主要内容有哪些?

答 (1) 客户现场资料数据与档案记录是否相符。

(2) 计量装置完好、正确与否。

(3) 客户有无违约用电、窃电行为。

(4) 客户的用电安全情况。

7 窃电检查的主要内容是什么?

答 在查窃电过程中,应重点对计量装置进行检查:

(1) 检查计量柜、接线盒、电能表的封印是否完好及真假。

(2) 检查表计外表是否完好无损及有无异常。

(3) 检查电流互感线是否正确,二次接线端子螺丝有否松动。电压互感器熔丝有否熔断,连接线有无松动。

(4) 检查接线盒、电能表与导线接触是否良好,有无短接线,电压挂钩是否松动。

(5) 用秒表测算用电功率与指示功率或换算后的数据进行比较。

(6) 检查有无计量装置前接线用电。

(7) 检测电流互感器变比是否与台账登记值一致。

(8) 用计量装置检测仪检查电压、电流相位是否正确。

8 判断三相四线三元件有功电能表运行是否正常有哪些简便方法?

答 可以采用"短路测试法",即用导线将电能表电流进线孔依次短接后,观察感应表铝盘的转速或电子表指示灯的闪速变化,借此判断电能表本身及电流二次线或电压回路的接线情况。

测试时令用户接三相对称负载,短接 A 相电流线孔后,可能出现以下几种情况:

(1) 盘速减为原来 2/3,说明各元件均正常。

(2) 盘速增快,说明 A 元件电流线圈接反。

（3）盘速不变，说明 A 元件不起作用，A 元件的电压或电流线开路。

（4）盘停转，说明 B、C 两元件一相正常，另一相电流线圈接反，转矩互相抵消，或两者均不起作用。

（5）盘翻转，说明 B、C 两元件电流线圈均接反，或者一相电流线圈接反，一相不起作用。

同理也可短接 B、C 两元件的电流线孔进线判断。

9 退补电量的计算方法有哪些？

答 退补电量的计数方法共有三种：

（1）相对误差法。

（2）更正系数法。

（3）估算法。

10 什么是相对误差法？计算公式是什么？

答 原有的电能表接线保持原状运行，再按正确接线方式接入一只相对误差合格（或高一个等级）的电能表，选择常用负载同时运行一段时间（时间越长越能反映真实情况），则原计量装置的总体相对误差为

$$\gamma = \frac{W'_X - W'_0}{W'_0} \times 100\%$$

式中　W'_X——试验验期间，原电能表计量的电量，kWh；

　　　W'_0——试验期间，正确接线电能表的电量，kWh；

　　　γ——原电能计量装置的整体相对误差，%。

当原电能计量装置的抄见电量为 W_X 时，对应的正确电量为

$$W_0 = \frac{W_X}{1+\gamma}$$

退补电量为

$$\Delta W = W_X - W_0 = W_X - \frac{W_X}{1+\gamma} = \frac{\gamma}{1+\gamma} W_X$$

式中　W_X——原电能表计量的电量，kWh；

　　　W_0——实际用电量，kWh；

ΔW——退补电量。

应说明的是，γ 仅包含了被试电能表的元件误差，还包含了接线引起的计量误差。

11 什么是更正系数法？怎样计算？

答　更正系数定义为

$$G_X = \frac{W_0}{W_X}$$

式中　W_X——电能表错误接线期间的抄见电量，kWh；

W_0——错误接线期间正确用电量，kWh。

则实际电量为 $W_0 = G_X W_X$，所以只要得知 G_X，便可根据错误的抄见电量 W_X 求出实际用量 W_0。求更正系数 G_X 一般有以下两种方法：

（1）实测电量法。利用测相对误差的方法，在试验期间（如一天）内，测得标准表和误接线电能表计量的电量 W_0' 和 W_X'，即可求出更正系数 G_X。

（2）功率比值法。由于电能表计量的电量与它的反应的功率成正比，因此更正系数 G_X 还可以用下式求取

$$G_X = \frac{W_0}{W_X} = \frac{P_0}{P_X}$$

式中　P_0——正确接线时电能表反应的功率；

P_X——错误接线时电能表反应的功率。

功率比值法的实施步骤是：①利用检查手段确定错误接线方式；②画出向量图；③写出 P_X 表达式；④计算更正系数 G_X；⑤计算窃电期间的正确电量 W_0；⑥计算差错电量 ΔW。对于接线简单的计量装置，可通过直观检查得出窃电方式。否则，必须借助向量图法。

12 什么是估算法？怎样计算？

答　若电能计量装置出现下列情况之一，就无法用计算手段确定差错电量，只能估算：①电能表圆盘不转；②由于负载功率

因数的变化使圆盘时而正转，时而反转，即转向不定；③三相负载极不平衡；④发生错误接线的起止时间不明，无法确定误接线期间的抄见电量。

估算的方法是：按电气设备的容量、设备利用率、设备运行小时数计算用电量。以上参数无法确定的用户，只能参照以往同期的用电量，然后根据有关条例核算电量。

六、营销分析

1　什么是供电量？什么是售电量？什么是损失电量？

答　供电量是指供电企业在一段时间内供出的电能量。售电量是供电企业通过电能计量装置测定并记录的各类电力用户消耗使用的电能量的总和。损失电量是供电企业在整个供电生产过程中的送变电设备的生产消耗和不明损失统称为线路损失电量，简称线损。

2　什么是"平均电价"？

答　售电平均电价为全社会各类不同用电性质售电量销售收入之和与全社会销售电量之和之比。

3　在一个营业区域内，按不同的用电性质分类如何计算售电平均电价？

答　在一个营业区域内，按不同的用电性质分类计算售电平均电价其方法如下

售电平均电价＝总售电电费/总售电量

4　什么是线路损失率？

答　线路损失率（简称线损）是电力企业在供电生产过程中耗用和损失的电量占供电量的比例。它是供电企业的一项综合技术经济指标，反映电力营销管理与技术管理工作质量的高低和供电生产的经济效益。计算公式为

线路损失率(％)＝(供电量－售电量)/供电量×100％

5 什么是电力销售平均电价?

答 电力销售平均电价是售电收入与售电量的比值。其单位通常用元/千瓦时、元/千千瓦时,计算公式为

售电平均电价＝售电收入/售电量

6 售电量统计分析主要包括哪些内容?

答 (1)售电量指标的完成情况。

(2)分析售电量和分类售电量变化及变化的原因。

(3)目前采取的增供促销措施对售电量的影响。

(4)当前的一些政策对售电量变化的影响。

(5)重点客户的跟踪分析。

(6)宏观政策及重大事件对售电量的影响等内容。

7 平均电价分析主要包括哪些内容?

答 (1)平均电价指标的完成情况。

(2)分析分类用电的售电单价的变化情况。

(3)产业政策与市场变化售电量、售电收入的影响等。

(4)分析农排电量波动等对平均电价的影响等。

8 营销分析的主要内容有哪些?

答 营销分析的主要内容有:

(1)各类指标完成情况以及同期比较情况。

(2)售电量、分类电量、重点客户电量情况分析。

(3)平均电价完成情况分析。

(4)抄核收完成情况的分析。

(5)营销管理方面所做的主要工作。

(6)存在的主要问题、解决方法以及下一步重点工作。

(7)有关指标预测。

9 什么是电能表实抄率?

答 抄表人员每月的实际抄表户数与计划安排的应抄户数之

比的百分数，成为抄表员的当月实抄率。计算公式为

实抄率＝当期实抄户数/当期应抄户数×100％

10 什么是电费回收率？

答 每月实际回收的电费金额与当月应收电费金额之比的百分数称为电费回收率。计算公式为

电费回收率＝当期实收电费金额/当期应收电费金额×100％

11 什么是电费"差错率"？

答 电费每月核算的差错次数与实际抄表户数之比的百分数称为每月电费差错率。计算公式为

差错率＝当期差错次数/当期实抄户数×100％

12 造成线损升高的原因有哪些？

答 造成线损升高的原因主要有：

（1）供、售电量抄表时间不一致，抄表例日变动，提前抄表使售电量减少。

（2）由于检修、事故等原因破坏电网正常运行方式，以及电压低造成损失增加。

（3）由于季节、负荷变动等原因使电网负荷潮流有较大变化，使线损增加。

（4）一、二类表计有较大的误差（供电量正误差，售电量负误差），或供电量多抄错算。

（5）退前期电量和丢、漏本期电量（包括用户窃电）。

（6）供、售电量统计范围不对口，供电量范围大于售电量。

（7）无损用户的用电量减少。

七、法律法规常识

1 《居民用户家用电器损坏处理办法》制定的依据是什么？

答 为维护供用电双方的合法权益，规范因电力运行事故引起的居民用户家用电器损坏的理赔处理，公正、合理地调解纠

纷，根据《电力法》、《电力供应与使用条例》和国家有关规定，特制定。

2 《居民用户家用电器损坏处理办法》适用范围是什么？

答 适用于由供电企业以 220V/380V 电压供电的居民用户，因发生电力运行事故导致电能质量劣化，引起居民用户家用电器损坏时的索赔处理。

3 根据《居民用户家用电器损坏处理办法》规定的电力运行事故指什么？

答 指在供电企业运行维护的 220V/380V 供电线路或设备上因供电企业的责任发生的下列事件：

（1）220V/380V 供电线路上，发生相线与中性线接错或三相相序接反。

（2）220V/380V 供电线路上，发生中性线断线。

（3）220V/380V 供电线路上，发生相线与中性线互碰。

（4）架设或交叉跨越时，供电企业的高压线路导线掉落到 220V/380V 线路上或供电企业高压线路对 220V/380V 线路放电。

4 对因电力运行事故引起的居民家用电器损坏的索赔期是怎么规定的？

答 从家用电器损坏之日起 7 日内，受害居民用户未向供电企业投诉并推出索赔要求的，即视为受害者自动放弃索赔权。超过 7 日的，供电企业不再负责其赔偿。

5 供电企业对用户内部的设备事故报修不受理的依据是什么？

答 根据《供电营业规则》第 48 条规定："供电企业和用户分工管理的供电和受电设备，除另有约定者，未经管辖单位同意对方不得操作和更动；如因紧急事故必须操作或更动者，事后应迅速通知管辖单位。"这是法律规定。因用户内部设备事故很复杂，供电企业对客户内部供电线路及设备情况不了解，可能会影响安全供电，造成新的事故发生，所以不受理用户内部事故的报修。

6 在供电设施上发生事故引起的法律责任如何规定？

答 在供电设施上发生事故引起的法律责任，按供电设施产权归属确定。产权归属于谁，谁就承担其拥有的供电设施上发生事故引起的法律责任。但产权所有者不承担受害者因违反安全或其他规章制度，擅自进入供电设施非安全区域内而发生事故引起的法律责任，以及在委托维护的供电设施上，因代理方维护不当发生事故引起的法律责任。

7 《中华人民共和国电力法》规定对因电力运行事故给客户或者第三人造成损害的，哪些原因电力企业不承担责任？

答 因电力运行事故给客户或者第三人造成损害的，电力企业应当依法承担赔偿责任。

电力运行事故由下列原因之一造成的，电力企业不承担赔偿责任：

（1）不可抗力。

（2）客户自身的过错。

（3）因客户或者第三人的过错给电力企业或者其他客户造成损害的，该客户或者第三人应当依法承担赔偿责任。

8 《居民客户家用电器损坏处理办法》规定对不可修复的家用电器如何进行赔偿？

答 《居民客户家用电器损坏处理办法》第10条规定对不可修复的家用电器，其购买时间在6个月及以内的，按原购货发票价，供电企业全额予以赔偿；购置时间在6个月以上的，按原购货发票价，并按本办法规定的使用寿命折旧后的余额，予以赔偿。使用年限已超过本办法规定的使用寿命仍在使用的，或者折旧后的差额低于原价10％的，按原价的10％予以赔偿。使用时间以发票开具的日期为准开始计算。

对无法提供购货发票的，应由受害居民客户负责举证，经供电企业核查无误后，以证明出具的购置日期时的国家定价为准，按前款规定清偿。

以外币购置的家用电器，按购置时国家外汇牌价折人民币计算其购置价，以人民币进行清偿。

清偿后，损坏的家用电器归属供电企业所有。

9 对因建设原因引起的需要迁移供电设施的有哪些规定？

答 因建设引起建筑物、构筑物与供电设施相互妨碍，需要迁移供电设施或采取防护措施时，应按建筑先后的原则，确定其承担的责任。如供电设施建筑在先，建筑物、构筑物建设在后，由后续建设单位承担供电设施的迁移、防护所需的费用；如建筑物、构筑物的建设在先，供电设施建设在后，由供电设施建设单位承担建筑物、构筑物的迁移所需的费用；不能确定建设的先后者，由双方协商解决。

供电企业需要迁移用户或者其他供电企业的设施时，也按上述原则办理。

城乡建设与改造需迁移供电设施时，供电企业和用户都应积极配合，迁移所需的材料和费用，应在城乡建设与改造投资中解决。

10 危害电力设施的行为有哪些？

答 任何单位和个人，不得从事下列危害电力线路设施的行为：

（1）向电力线路设施射击。

（2）向导线抛掷物体。

（3）在架空电力线路导线两侧各 300m 的区域内放风筝。

（4）擅自在导线上接用电器设备。

（5）擅自攀登杆塔或在杆塔上架设电力线、通信线、广播线，安装广播喇叭。

（6）利用杆塔、拉线作起重牵引地锚。

（7）在杆塔、拉线上拴牲畜、悬挂物体、攀附农作物。

（8）在杆塔、拉线基础的规定范围内取土、打桩、钻探、开挖或倾倒酸、碱、盐及其他有害化学物品。

（9）在杆塔内（不含杆塔与杆塔之间）或杆塔与拉线之间修筑道路。

（10）拆卸杆塔或拉线上的器材，移动、损坏永久性标志或标志牌。

（11）其他危害电力线路设施的行为。

11 国家对各类家用电器的平均使用年限有何规定？

答 各类家用电器的平均使用年限为

（1）电子类：如电视机、音响、录像机、充电器等，使用寿命为 10 年。

（2）电动机类：如电冰箱、空调、洗衣机、电风扇、吸尘器等，使用寿命为 12 年。

（3）电阻电热类：如电饭煲、电热水器、电茶壶、电炒锅等，使用寿命为 5 年。

（4）电光源类：白炽灯、气体放电灯、调光灯等，使用寿命为 2 年。

12 客户连续 6 个月不用电，供电企业应如何处理？

答 客户连续 6 个月不用电，也不申请办理暂停用电手续者，供电企业须销户终止其用电，再用电时，按新装用电办理。

13 在哪些情况下，须经批准后方可对客户实施中止供电？

答 在供电系统正常情况下，供电企业应连续向客户供应电力。但是，有下列情形之一的，须经批准方可中止供电：

（1）对危害供用电安全，扰乱供用电秩序，拒绝检查者。

（2）拖欠电费经通知催缴仍不缴者。

（3）受电装置经检验不合格，在制定期间未改善者。

（4）客户注入电网的谐波电流超过标准，以及冲击负荷、非对称负荷等对电能质量产生干扰与妨碍，在规定限期内不采取措施者。

（5）拒不在限期内拆除私增用电容量者。

（6）拒不在限期内交付违约用电引起的费用者。

（7）违反安全用电、计划用电有关规定，拒不改正者。

（8）私自向外转供电力者。

14 在哪些情况下，不经批准即可对客户中止供电，但事后应报告本单位负责人？

答 （1）不可抗力和紧急避险。

（2）确有窃电行为。

15 什么是供用电合同？签订供用电合同应当遵循的原则是什么？

答 供用电合同是指供电企业根据客户的需要和电网的可能，在遵循国家法律、行政法规，符合国家供用电政策和计划要求基础上，与客户签订的，可以明确供用电双方权利和义务的协议。供用电合同是经济合同的一种。供电人和用电人双方应当根据平等自愿、协商一致的原则，根据用电人需要和供电人的能力签订供用电合同。

16 供用电合同应具备哪些条款？

答 （1）供电方式、供电质量和供电时间。

（2）用电容量和用电地址、用电性质。

（3）计量方式和电价、电费结算方式。

（4）供用电设施维护责任的划分。

（5）合同的有效期。

（6）违约责任。

（7）双方共同认为应当约定的其他条款。

17 签订供用电合同的注意事项有哪些？

答 （1）签约前，要对客户进行必要地资信情况调查。

（2）文字表述要明确严密，不产生歧义。

（3）双方权利义务要明确具体。

（4）文理逻辑要严密。

（5）合同附件及有关材料要整理齐全，并入合同档案。

（6）合同签订后，应做好供用电合同的档案管理工作。

18 在哪些情况下，允许变更或解除供用电合同？

答 （1）当事人双方经过协商同意，并不因此损害国家利益和扰乱供用电秩序。

（2）由于供电能力的变化或国家对电力供应与使用管理的政策调整，使订立供用电合同时的依据被修改或取消。

（3）当事人一方依照法律程序确实无法履行合同。

（4）由于不可抗力或一方当事人虽无过失，但无法防止的外因，致使合同无法履行。

19 解决供用电合同纠纷的方式有几种？

答 供用电合同纠纷的处理方式有四种：协商、调解、仲裁、诉讼。

根据《仲裁法》第九条规定：仲裁实行一裁终局的制度，裁决作出后，当事人就同一纠纷再请仲裁或者向人民法院起诉的，仲裁委员会或者人民法院予以受理。

20 供电人的义务都有哪些？

答 （1）按质、安全供电的义务。供电人应当按照国家规定的供电质量标准和约定安全供电。供电人未按照国家规定的供电质量标准和约定安全供电，造成用电人损失的，应当承担损害赔偿责任。

（2）中断供电及时通知义务。供电人因供电设施计划检修、临时检修、依法限电或者用电人违法用电等原因，需要中断供电时，应当按照国家有关规定事先通知用电人。未事先通知用电人中断供电，造成用电人损失的，应当承担损害赔偿责任。

（3）断电及时抢修的义务。因自然灾害等原因断电，供电人应当按照国家有关规定及时抢修。未及时抢修，造成用电人损失的，应当承担损害赔偿责任。

21　用电人的义务有哪些？

答　（1）及时交付电费的义务。用电人应当按照国家有关规定和当事人的约定及时交付电费。用电人逾期不交付电费的，应当按照约定支付违约金。经催费，用电人在合理期限内仍不交付电费和违约金的，供电人可以按照国家规定的程序中止供电。

（2）安全用电义务。用电人应当按照国家有关规定和当事人的约定安全用电。用电人未按照国家有关规定和当事人的约定安全用电，造成供电人损失的，应当承担损害赔偿责任。

22　供电企业对什么样的欠费用户可以中止供电，欠费停电处理应注意什么？

答　供电企业对逾期之日起计算超过 30 天，包括电话、书面通知催缴仍不交付电费的用户，可以按照国家规定的程序停止供电。在停电之前，一定要注意向客户派发停电通知书，通知书应注明停电的时间和停电的原因。

第四部分

供电所相关文化建设

1　十八大报告的主题是什么？

答　十八大报告的主题是：高举中国特色社会主义伟大旗帜，以邓小平理论、"三个代表"重要思想、科学发展观为指导，解放思想，改革开放，凝聚力量，攻坚克难，坚定不移沿着中国特色社会主义道路前进，为全面建设小康社会而奋斗。

2　十八大报告的主线是什么？

答　贯穿党的十八大报告的一条主线是：坚持和发展中国特色社会主义。

3　十八大报告中党必须坚持的指导思想是什么？

答　十八大首次将科学发展观确定为党必须长期坚持的指导思想。

4　具有中国特色社会主义道路是指什么？

答　中国特色社会主义道路是指：人民代表大会制度的根本政治制度，中国共产党领导的多党合作和政治协商制度、民族区域自治制度以及基层群众自治制度等基本政治制度，中国特色社会主义法律体系，公有制为主体，多种所有制经济共同发展的基本经济制度，以及建立在这些制度基础上的经济体制、政治体制、文化体制、社会体制等各项具体制度。

5　国家电网公司供电服务"十项承诺"内容是什么？

答　（1）城市地区：供电可靠率不低于 99.90%，居民客户端电压合格率 96%；农村地区：供电可靠率和居民客户端电压合格率，经国家电网公司核定后，由各省（自治区、直辖市）电力公司公布承诺指标。

（2）提供 24h 电力故障报修服务，供电抢修人员到达现场的时间一般不超过：城市范围 45min；农村地区 90min；特殊边远地区 2h。

（3）供电设施计划检修停电，提前 7 天向社会公告。对欠电费客户依法采取停电措施，提前 7 天送达停电通知书，费用结清后 24h 内恢复供电。

（4）严格执行价格主管部门制定的电价和收费政策，及时在供电营业场所和网站公开电价、收费标准和服务程序。

（5）供电方案答复期限：居民客户不超过 3 个工作日，低压电力客户不超过 7 个工作日，高压单电源客户不超过 15 个工作日，高压双电源客户不超过 30 个工作日。

（6）装表接电期限：受电工程检验合格并办理相关手续后，居民客户 3 个工作日内送电，非居民客户 5 个工作日内送电。

（7）受理客户计费电能表校验申请后，5 个工作日内出具检测结果。客户提出抄表数据异常后，7 个工作日内核实并答复。

（8）当电力供应不足，不能保证连续供电时，严格执行政府批准的有序用电方案实施错避峰、停限电。

（9）供电服务热线"95598"24h 受理业务咨询、信息查询、服务投诉和电力故障报修。

（10）受理客户投诉后，1 个工作日内联系客户，7 个工作日内答复处理意见。

6　国家电网公司供电服务"十不准"内容是什么？

答　（1）不准违规停电，无故拖延送电。

（2）不准违反政府部门批准的收费项目和标准向客户收费。

（3）不准为客户指定设计、施工、供货单位。

（4）不准违反业务办理告知要求，造成客户重复往返。

（5）不准违反首问负责制，推诿、搪塞，怠慢客户。

（6）不准对外泄露客户个人信息及商业秘密。

（7）不准工作时间饮酒及酒后上岗。

（8）不准营业窗口擅自离岗或做与工作无关的事。

（9）不准接受客户吃请和收受客户礼品、礼金、有价证券。

（10）不准利用岗位与工作之便谋取不正当利益。

7 **"三集五大"的含义是什么？**

答 人财物集约化管理简称"三集"，"大规划、大建设、大运行、大检修、大营销"简称"五大"。

8 **全面推进"三集五大"体系建设有何重大意义？**

答 （1）建设"三集五大"体系是坚强智能电网发展的迫切需要。"十二五"期间，随着特高压骨干网架总体形成和智能电网全面建设，国家电网生产力水平将实现质的提升，对提高大电网驾驭能力，加强专业化、精益化管理提出了更高要求。推进"三集五大"体系建设，是公司遵循生产关系适应生产关系适应生产力发展要求，加快构建新型电网管理体制机制的重要实践；是公司建立现代企业管理制度和管理体系，加快建设世界一流电网的迫切需要。

（2）建设"三集五大"体系是推进公司科学发展的根本要求。由于历史原因形成的公司管理体制和机制，层级多、链条长、效率低，无法适应电网日新月异发展的要求，导致执行力衰减、管理成本增加，已成为制约"两个转变"的主要障碍。推进"三集五大"体系建设，整合优化公司业务管理体系，加强核心资源管控，实现集约化、扁平化、专业化管理，是与时俱进，开拓创新，破解公司发展难题，推进公司向现代企业转型，打造具有一流创新能力、发展能力、服务能力、国际竞争力的现代企业的根本要求。

（3）建设"三集五大"体系是实现公司战略目标的必由之路。近年来，公司大力推进"两个转变"，加快建设"一强三优"

现代公司，实现了跨越发展。面向未来，公司确定了"两个一流"的愿景。实现这一目标，必须贯彻落实科学发展观，深化"两个转变"，建立科学的管理体系，实现公司科学发展、创新发展和可持续发展。

9 "三集五大"体系建设指导思想是什么？

答　以科学发展观为指导，围绕"一强三优"现代企业战略目标，按照国家电网公司发展战略的总体部署，在统一企业文化的引领下，建设"大规划、大建设、大运行、大检修、大营销"体系，实现企业运营的集约化、扁平化、专业化管理，做实省公司，做优地（市）公司，积极稳妥推进"五大"体系建设，提高企业发展能力和运营效率，提升企业服务水平和社会形象。

10 "三集五大"体系建设基本原则是什么？

答　总体设计、效率优先、安全稳定、与时俱进。把提高企业发展质量和效率作为改革出发点和落脚点，落实改革方案，兼顾地域差异，制定实施方案，优化设计，有序实施，及时改进，持续完善，防范和化解风险，确保电网安全和队伍稳定。

11 "三集五大"体系建设实施方案包括哪些？

答　（1）一个总方案：《国家电网公司"三集五大"体系建设实施方案》。

（2）五个"五大"建设实施方案：《国家电网公司"大规划"体系建设实施方案》、《国家电网公司"大建设"体系建设实施方案》、《国家电网公司"大运行"体系建设实施方案》、《国家电网公司"大检修"体系建设实施方案》、《国家电网公司"大营销"体系建设实施方案》。

（3）三个深化集约化管理实施方案：《国家电网公司深化人力资源集约化管理实施方案》、《国家电网公司深化财务集约化管理实施方案》、《国家电网公司深化物资集约化管理实施方案》。

（4）六个支撑方案：《国家电网公司"三集五大"体系机构设置和人员配置指导方案》、《国家电网公司制度体系建设实施方案》、《国家电网公司标准体系建设实施方案》、《国家电网公司"三集五大"体系建设信息通信支撑实施方案》、《国家电网公司统一的企业文化建设实施方案》、《国家电网公司"三集五大"体系建设安全保障工作实施方案》。

12 "大营销"体系建设总体思路是什么？

答 使用企业营销发展新形势，以客户和市场为中心，以集约化、专业化、扁平化为主线，进一步创新管理模式、变革组织构架、优化业务流程，将同质性强、技术标准化程度高的业务分层向上集约，优化资源配置、提升营销服务效率和质量；进一步压缩市、县营销管理层级，实现营销机构扁平化；推行城乡营销业务一体化管理，提高营销专业化管理水平；建立省、市两级稽查监控体系，全面提升营销业务管控能力和供电服务水平。

13 "大营销"体系建设总体目标是什么？

答 建成"客户导向型、机构扁平化、业务集约化、管理专业化、管控实时化、服务协同化"的"一型五化"大营销体系，建立 24h 面向客户的统一供电服务平台，形成业务在线监控、服务实时响应的高效运作机制，持续提升供电服务能力、市场拓展能力和业务管控能力，提高营销经营业绩和客户服务水平。

14 什么是"服务协同化"？

答 营销与规划、建设、生产、调度等部门信息共享、分工协作，市场和服务导向作用充分发挥，实现客户服务"一口对外"，响应迅速。

15 什么是城乡一体化运作？

答 按照国家电网公司"大营销"体系建设"管理专业化"的要求，针对目前城市、农村营销管理尚不统一的现状，全面推行城乡一体化运作，统一城市、农村营销管理模式、标准制度和业务流程。

16 国家电网公司的发展战略目标和工作思路是什么？

答 国家电网公司的发展战略目标是建设"一强三优"的现代公司，把国家电网公司建设成为"电网坚强、资产优良、服务优质，业绩优秀"的现代公司。工作思路是"三抓一创"，即抓发展、抓管理、抓队伍，创一流，是公司加快发展、实现"一强三优"现代公司发展目标的基本工作思路。

17 何谓企业文化？其内涵是什么？

答 所谓企业文化，就是指导和约束企业整体行为以及员工行为的价值理念。企业文化的内涵具体包括如下一些因素：价值观、行为准则、企业经营管理哲学、经营理念、企业精神等构成企业文化的核心内容。是企业为生产经营管理而形成的观念的总和。是一种以人为中心的企业管理理论，它强调管理中的软要素，其核心含义是企业价值观。

18 供电企业构建特色企业文化的意义是什么？

答 （1）加强企业文化建设是企业发展的需要。

（2）加强企业文化建设是企业生存的需要。

（3）加强企业文化建设是精神需求。

（4）是充分调动职工的积极性和创造性、增强企业的凝聚力需要。

19 开展"人人讲诚信"主题教育活动的指导思想是什么？

答 以党的十八大精神为指导，深入贯彻落实科学发展观，自觉践行社会主义核心价值体系，继承中国传统诚信文化精髓，突出时代特征和电网特色，形成人人讲诚信，人人重诚信的良好局面，进一步提升各级干部员工的执行力，以实现"两个转变"，推动公司发展再上新台阶，全面建设小康社会作出积极贡献。

20 开展"爱心活动"实施"平安工程"倡导的五个关爱是什么?

答 关爱企业,忠诚企业,与企业同舟共济;关爱他人,团结协作,建立和谐融洽的人际关系;关爱自己,加强学习,提高素质,自尊、自警、自励、自强;关爱家庭,尊老爱幼,和睦生活,关爱社会,奉献爱心,服务人民。

21 供电所文化建设的内涵包括哪六种意识?

答 (1)质量意识:履行社会责任、服务社会发展。

(2)服务意识:要求我们每一位员工牢固树立"人民电业为人民"的观念,用优质、方便、规范、真诚的服务,服务与客户,服务于社会发展,为电力企业不断创造经济效益和社会效益。

(3)安全意识:在广大员工中树立"关注安全,关爱生命"的本能意识和以"安全第一,预防为主"的价值观,作为自己的行为指南,从而能自觉地遵章守纪,自觉地帮助他人规范安全行为,做到"四不伤害",提高整体的安全水平。

(4)创新意识:要不断学习,不断变革,做别人所不能做,培养积极乐观、开拓进取的创业精神。

(5)团队意识:企业是一个命运共同体,一荣皆荣、一损俱损。在团队成员之间营造坦诚相见,互帮互助、共同促进的氛围,使员工个人的荣誉和企业的荣誉紧密的联系在一起,共同努力把企业建设好。

(6)民主意识:供电所必须倡导民主管理。在日常工作中,应该广泛征求员工意见和建议,最后采取扬弃的办法,制定一套行之有效的管理办法。

22 供电所文化建设的途径有哪些?

答 (1)建立文化建设的长远规划。

(2)组织员工接受文化学习培训,形成全员参与文化建设。

（3）供电所领导、骨干率先垂范、身体力行。

（4）建立文化建设的激励机制。

（5）处理好文化建设与思想政治工作的关系。

（6）处理好文化建设与生产经营的关系。

（7）加强沟通。

（8）不断完善、持续改进。

23　为什么要加强队伍建设？

答　在加快"两个转变"、建设"一强三优"现代公司进程中，最根本的任务就是队伍建设。队伍素质决定了企业素质，也决定了企业的管理水平和发展前景。在创建"两个一流"的道路上，各种难题还会不断出现，任务重、困难多、挑战大将成为工作常态。要攻坚克难、再创佳绩，必须坚持以人为本，实施人才强企战略，以思想道德建设、能力建设、作风建设和企业文化建设为重点，加快建设一支素质优良、能力突出、作风过硬、善打硬仗的干部员工队伍。

24　国家电网公司县供电企业负责人和供电所所长培训的培训方式是什么？

答　（1）县级供电企业正职由国网公司负责培训。

（2）县级供电企业副职由省公司制定培训方案和培训课件并组织培训。

（3）供电所所长有省公司统一制定培训方案和培训课件，地市公司负责组织培训。

25　国家电网公司今后十年发展目标是什么？

答　2020 年全面建成"一强三优"现代公司，为全面建成小康社会做出积极贡献。电网发展到 2015 年初步建成坚强智能电网，到 2020 年全面建成坚强智能电网。公司发展到 2015 年资产总额、营业收入、利润总额分别达到 3.2 万亿元、2.5 万亿元、800 亿元。分别比 2010 年增长 55％、67％、78％；资产负债率控制在 61% 以内。全员劳动生产率达到每年 80 万元/人。是 2010 年的 2 倍。到 2020 年资产总额、营业收入、利润总额分别达到 4.3 万亿元、3.5 万亿元、1000 亿元。分是 2010 年的 2.2 倍、2.3 倍、2.2 倍；资产负债率控制在 65% 以内。全员劳动生产率达到每年 120 万元/人，是 2010 年的 3 倍。

26 国家电网公司提出加强县供电企业管理的内容是什么？

答 按照"三集五大"体系建设要求，实施县供电企业及供电所管理提升工程，健全完善乡镇供电所组织机构、规章制度、业务流程和人员配置，加强关键岗位和重点业务管控。组建和运作好供电服务公司。

27 什么是智能电网？

答 智能电网（Smart Power Grids），就是电网的智能化，也被称为"电网 2.0"，它是建立在集成的、高速双向通信网络的基础上，通过先进的传感和测量技术、先进的设备技术、先进的控制方法以及先进的决策支持系统技术的应用，实现电网的可靠、安全、经济、高效、环境友好和使用安全的目标，其主要特征包括自愈、激励和包括用户、抵御攻击、提供满足 21 世纪用户需求的电能质量、容许各种不同发电形式的接入、启动电力市场以及资产的优化高效运行。

28 智能配电网的优越性有哪些？

答 与传统的配电网相比，智能配电网（简称 SDG）具有以下功能特征：

（1）自愈能力。

（2）具有更高的安全性。

（3）提供更高的电能质量。

（4）支持 DER 的大量接入。

（5）支持与用户互动。

（6）对配电网及其设备进行可视化管理。

（7）更高的资产利用率。

（8）配电管理与用电管理的信息化。

29 **什么是智能家电？**

答 智能家电就是微处理器和计算机技术引入家电设备后形成的家电产品，具有自动监测自身故障、自动测量、自动控制、自动调节与远方控制中心通信功能的家电设备。

附　　录

附录1　中华人民共和国电力法

第一章　总　　则

第一条　为了保障和促进电力事业的发展，维护电力投资者、经营者和使用者的合法权益，保障电力安全运行，制定本法。

第二条　本法适用于中华人民共和国境内的电力建设、生产、供应和使用活动。

第三条　电力事业应当适应国民经济和社会发展的需要，适当超前发展。国家鼓励、引导国内外的经济组织和个人依法投资开发电源，兴办电力生产企业。

电力事业投资，实行谁投资、谁收益的原则。

第四条　电力设施受国家保护。禁止任何单位和个人危害电力设施安全或者非法侵占、使用电能。

第五条　电力建设、生产、供应和使用应当依法保护环境，采用新技术，减少有害物质排放，防治污染和其他公害。国家鼓励和支持利用可再生能源和清洁能源发电。

第六条　国务院电力管理部门负责全国电力事业的监督管理。国务院有关部门在各自的职责范围内负责电力事业的监督管理。

县级以上地方人民政府经济综合主管部门是本行政区域内的电力管理部门，负责电力事业的监督管理。县级以上地方人民政府有关部门在各自的职责范围内负责电力事业的监督管理。

第七条　电力建设企业、电力生产企业、电网经营企业依法实行自主经营、自负盈亏，并接受电力管理部门的监督。

第八条　国家帮助和扶持少数民族地区、边远地区和贫困地区发展电力事业。

第九条　国家鼓励在电力建设、生产、供应和使用过程中，采用先进的科学技术和管理方法，对在研究、开发、采用先进的科学技术和管理方法等方面作出显著成绩的单位和个人给予奖励。

第二章　电　力　建　设

第十条　电力发展规划应当根据国民经济和社会发展的需要制定，并纳入国民经济和社会发展计划。

电力发展规划，应当体现合理利用能源、电源与电网配套发展、提高经济效益和有利于环境保护的原则。

第十一条　城市电网的建设与改造规划，应当纳入城市总体规划。城市人民政府应当按照规划，安排变电设施用地、输电线路走廊和电缆通道。

任何单位和个人不得非法占用变电设施用地、输电线路走廊和电缆通道。

第十二条　国家通过制定有关政策，支持、促进电力建设。

地方人民政府应当根据电力发展规划，因地制宜，采取多种措施开发电源，发展电力建设。

第十三条　电力投资者对其投资形成的电力，享有法定权益。并网运行的，电力投资者有优先使用权；未并网的自备电厂，电力投资者自行支配使用。

第十四条　电力建设项目应当符合电力发展规划，符合国家电力产业政策。

电力建设项目不得使用国家明令淘汰的电力设备和技术。

第十五条　输变电工程、调度通信自动化工程等电网配套工程和环境保护工程，应当与发电工程项目同时设计、同时建设、同时验收、同时投入使用。

第十六条　电力建设项目使用土地，应当依照有关法律、行政法规的规定办理；依法征用土地的，应当依法支付土地补偿费和安置补偿费，做好迁移居民的安置工作。

电力建设应当贯彻切实保护耕地、节约利用土地的原则。

地方人民政府对电力事业依法使用土地和迁移居民，应当予以支持和协助。

第十七条　地方人民政府应当支持电力企业为发电工程建设勘探水源和依法取水、用水。电力企业应当节约用水。

第三章　电力生产与电网管理

第十八条　电力生产与电网运行应当遵循安全、优质、经济的原则。

电网运行应当连续、稳定，保证供电可靠性。

第十九条　电力企业应当加强安全生产管理，坚持安全第一、预防为主的方针，建立、健全安全生产责任制度。

电力企业应当对电力设施定期进行检修和维护，保证其正常运行。

第二十条　发电燃料供应企业、运输企业和电力生产企业应当依照国务院有关规定或者合同约定供应、运输和接卸燃料。

第二十一条　电网运行实行统一调度、分级管理。任何单位和个人不得非法干预电网调度。

第二十二条　国家提倡电力生产企业与电网、电网与电网并网运行。具有独立法人资格的电力生产企业要求将生产的电力并网运行的，电网经营企业应当接受。

并网运行必须符合国家标准或者电力行业标准。

并网双方应当按照统一调度、分级管理和平等互利、协商一致的原则，签订并网协议，确定双方的权利和义务；并网双方达不成协议的，由省级以上电力管理部门协调决定。

第二十三条　电网调度管理办法，由国务院依照本法的规定制定。

第四章　电力供应与使用

第二十四条　国家对电力供应和使用，实行安全用电、节约用电、计划用电的管理原则。

电力供应与使用办法由国务院依照本法的规定制定。

第二十五条　供电企业在批准的供电营业区内向用户供电。

供电营业区的划分，应当考虑电网的结构和供电合理性等因素。一个供电营业区内只设立一个供电营业机构。

省、自治区、直辖市范围内的供电营业区的设立、变更，由供电企业提出申请，经省、自治区、直辖市人民政府电力管理部门会同同级有关部门审查批准后，由省、自治区、直辖市人民政府电力管理部门发给《供电营业许可证》。跨省、自治区、直辖市的供电营业区的设立、变更，由国务院电力管理部门审查批准并发给《供电营业许可证》。供电营业机构持《供电营业许可证》向工商行政管理部门申请领取营业执照，方可营业。

第二十六条　供电营业区内的供电营业机构，对本营业区内的用户有按照国家规定供电的义务；不得违反国家规定对其营业区内申请用电的单位和个人拒绝供电。

申请新装用电、临时用电、增加用电容量、变更用电和终止用电，应当依照规定的程序办理手续。

供电企业应当在其营业场所公告用电的程序、制度和收费标准，并提供用户须知资料。

第二十七条　电力供应与使用双方应当根据平等自愿、协商一致的原则，按照国务院制定的电力供应与使用办法签订供用电合同，确定双方的权利和义务。

第二十八条　供电企业应当保证供给用户的供电质量符合国家标准。对公用供电设施引起的供电质量问题，应当及时处理。

用户对供电质量有特殊要求的，供电企业应当根据其必要性和电网的可能，提供相应的电力。

第二十九条　供电企业在发电、供电系统正常的情况下，应当连续向用户供电,不得中断。因供电设施检修、依法限电或者用户违法用电等原因,需要中断供电时,供电企业应当按照国家有关规定事先通知用户。

用户对供电企业中断供电有异议的,可以向电力管理部门投诉;受理投诉的电力管理部门应当依法处理。

第三十条　因抢险救灾需要紧急供电时,供电企业必须尽速安排供电,所需供电工程费用和应付电费依照国家有关规定执行。

第三十一条　用户应当安装用电计量装置。用户使用的电力电量,以计量检定机构依法认可的用电计量装置的记录为准。

用户受电装置的设计、施工安装和运行管理,应当符合国家标准或者电力行业标准。

第三十二条　用户用电不得危害供电、用电安全和扰乱供电、用电秩序。

对危害供电、用电安全和扰乱供电、用电秩序的,供电企业有权制止。

第三十三条　供电企业应当按照国家核准的电价和用电计量装置的记录,向用户计收电费。

供电企业查电人员和抄表收费人员进入用户,进行用电安全检查或者抄表收费时,应当出示有关证件。

用户应当按照国家核准的电价和用电计量装置的记录,按时交纳电费;对供电企业查电人员和抄表收费人员依法履行职责,应当提供方便。

第三十四条　供电企业和用户应当遵守国家有关规定,采取有效措施,做好安全用电、节约用电和计划用电工作。

第五章　电价与电费

第三十五条　本法所称电价,是指电力生产企业的上网电价、电网间的互供电价、电网销售电价。

电价实行统一政策,统一定价原则,分级管理。

第三十六条 制定电价，应当合理补偿成本，合理确定收益，依法计入税金，坚持公平负担，促进电力建设。

第三十七条 上网电价实行同网同质同价。具体办法和实施步骤由国务院规定。

电力生产企业有特殊情况需另行制定上网电价的，具体办法由国务院规定。

第三十八条 跨省、自治区、直辖市电网和省级电网内的上网电价，由电力生产企业和电网经营企业协商提出方案，报国务院物价行政主管部门核准。

独立电网内的上网电价，由电力生产企业和电网经营企业协商提出方案，报有管理权的物价行政主管部门核准。

地方投资的电力生产企业所生产的电力，属于在省内各地区形成独立电网的或者自发自用的，其电价可以由省、自治区、直辖市人民政府管理。

第三十九条 跨省、自治区、直辖市电网和独立电网之间、省级电网和独立电网之间的互供电价，由双方协商提出方案，报国务院物价行政主管部门或者其授权的部门核准。

独立电网与独立电网之间的互供电价，由双方协商提出方案，报有管理权的物价行政主管部门核准。

第四十条 跨省、自治区、直辖市电网和省级电网的销售电价，由电网经营企业提出方案，报国务院物价行政主管部门或者其授权的部门核准。

独立电网的销售电价，由电网经营企业提出方案，报有管理权的物价行政主管部门核准。

第四十一条 国家实行分类电价和分时电价。分类标准和分时办法由国务院确定。

对同一电网内的同一电压等级、同一用电类别的用户，执行相同的电价标准。

第四十二条 用户用电增容收费标准，由国务院物价行政主管部门会同国务院电力管理部门制定。

第四十三条　任何单位不得超越电价管理权限制定电价。供电企业不得擅自变更电价。

第四十四条　禁止任何单位和个人在电费中加收其他费用；但是，法律、行政法规另有规定的，按照规定执行。

地方集资办电在电费中加收费用的，由省、自治区、直辖市人民政府依照国务院有关规定制定办法。

禁止供电企业在收取电费时，代收其他费用。

第四十五条　电价的管理办法，由国务院依照本法的规定制定。

第六章　农村电力建设和农业用电

第四十六条　省、自治区、直辖市人民政府应当制定农村电气化发展规划，并将其纳入当地电力发展规划及国民经济和社会发展计划。

第四十七条　国家对农村电气化实行优惠政策，对少数民族地区、边远地区和贫困地区的农村电力建设给予重点扶持。

第四十八条　国家提倡农村开发水能资源，建设中、小型水电站，促进农村电气化。

国家鼓励和支持农村利用太阳能、风能、地热能、生物质能和其他能源进行农村电源建设，增加农村电力供应。

第四十九条　县级以上地方人民政府及其经济综合主管部门在安排用电指标时，应当保证农业和农村用电的适当比例，优先保证农村排涝、抗旱和农业季节性生产用电。

电力企业应当执行前款的用电安排，不得减少农业和农村用电指标。

第五十条　农业用电价格按照保本、微利的原则确定。

农民生活用电与当地城镇居民生活用电应当逐步实行相同的电价。

第五十一条　农业和农村用电管理办法，由国务院依照本法的规定制定。

第七章　电力设施保护

第五十二条　任何单位和个人不得危害发电设施、变电设施和电力线路设施及其有关辅助设施。

在电力设施周围进行爆破及其他可能危及电力设施安全的作业的，应当按照国务院有关电力设施保护的规定，经批准并采取确保电力设施安全的措施后，方可进行作业。

第五十三条　电力管理部门应当按照国务院有关电力设施保护的规定，对电力设施保护区设立标志。

任何单位和个人不得在依法划定的电力设施保护区内修建可能危及电力设施安全的建筑物、构筑物，不得种植可能危及电力设施安全的植物，不得堆放可能危及电力设施安全的物品。

在依法划定电力设施保护区前已经种植的植物妨碍电力设施安全的，应当修剪或者砍伐。

第五十四条　任何单位和个人需要在依法划定的电力设施保护区内进行可能危及电力设施安全的作业时，应当经电力管理部门批准并采取安全措施后，方可进行作业。

第五十五条　电力设施与公用工程、绿化工程和其他工程在新建、改建或者扩建中相互妨碍时，有关单位应当按照国家有关规定协商，达成协议后方可施工。

第八章　监督检查

第五十六条　电力管理部门依法对电力企业和用户执行电力法律、行政法规的情况进行监督检查。

第五十七条　电力管理部门根据工作需要，可以配备电力监督检查人员。电力监督检查人员应当公正廉洁，秉公执法，熟悉电力法律、法规，掌握有关电力专业技术。

第五十八条　电力监督检查人员进行监督检查时，有权向电力企业或者用户了解有关执行电力法律、行政法规的情况，查阅有关资料，并有权进入现场进行检查。

电力企业和用户对执行监督检查任务的电力监督检查人员应当提供方便。电力监督检查人员进行监督检查时，应当出示证件。

第九章　法　律　责　任

第五十九条　电力企业或者用户违反供用电合同，给对方造成损失的，应当依法承担赔偿责任。

电力企业违反本法第二十八条、第二十九条第一款的规定，未保证供电质量或者未事先通知用户中断供电，给用户造成损失的，应当依法承担赔偿责任。

第六十条　因电力运行事故给用户或者第三人造成损害的，电力企业应当依法承担赔偿责任。

电力运行事故由下列原因之一造成的，电力企业不承担赔偿责任：

（一）不可抗力；

（二）用户自身的过错。

因用户或者第三人的过错给电力企业或者其他用户造成损害的，该用户或者第三人应当依法承担赔偿责任。

第六十一条　违反本法第十一条第二款的规定，非法占用变电设施用地、输电线路走廊或者电缆通道的，由县级以上地方人民政府责令限期改正；逾期不改正的，强制清除障碍。

第六十二条　违反本法第十四条规定，电力建设项目不符合电力发展规划、产业政策的，由电力管理部门责令停止建设。

违反本法第十四条规定，电力建设项目使用国家明令淘汰的电力设备和技术的，由电力管理部门责令停止使用，没收国家明令淘汰的电力设备，并处五万元以下的罚款。

第六十三条　违反本法第二十五条规定，未经许可，从事供电或者变更供电营业区的，由电力管理部门责令改正，没收违法所得，可以并处违法所得五倍以下的罚款。

第六十四条　违反本法第二十六条、第二十九条规定，拒绝供电或者中断供电的，由电力管理部门责令改正，给予警告；情节严重的，对有关主管人员和直接责任人员给予行政处分。

第六十五条 违反本法第三十二条规定，危害供电、用电安全或者扰乱供电、用电秩序的，由电力管理部门责令改正，给予警告；情节严重或者拒绝改正的，可以中止供电，可以并处五万元以下的罚款。

第六十六条 违反本法第三十三条、第四十三条、第四十四条规定，未按照国家核准的电价和用电计量装置的记录向用户计收电费、超越权限制定电价或者在电费中加收其他费用的，由物价行政主管部门给予警告，责令返还违法收取的费用，可以并处违法收取费用五倍以下的罚款；情节严重的，对有关主管人员和直接责任人员给予行政处分。

第六十七条 违反本法第四十九条第二款规定，减少农业和农村用电指标的，由电力管理部门责令改正；情节严重的，对有关主管人员和直接责任人员给予行政处分；造成损失的，责令赔偿损失。

第六十八条 违反本法第五十二条第二款和第五十四条规定，未经批准或者未采取安全措施在电力设施周围或者在依法划定的电力设施保护区内进行作业，危及电力设施安全的，由电力管理部门责令停止作业、恢复原状并赔偿损失。

第六十九条 违反本法第五十三条规定，在依法划定的电力设施保护区内修建建筑物、构筑物或者种植植物、堆放物品，危及电力设施安全的，由当地人民政府责令强制拆除、砍伐或者清除。

第七十条 有下列行为之一，应当给予治安管理处罚的，由公安机关依照治安管理处罚条例的有关规定予以处罚；构成犯罪的，依法追究刑事责任：

（一）阻碍电力建设或者电力设施抢修，致使电力建设或者电力设施抢修不能正常进行的；

（二）扰乱电力生产企业、变电所、电力调度机构和供电企业的秩序，致使生产、工作和营业不能正常进行的；

（三）殴打、公然侮辱履行职务的查电人员或者抄表收费人员的；

（四）拒绝、阻碍电力监督检查人员依法执行职务的。

第七十一条　盗窃电能的，由电力管理部门责令停止违法行为，追缴电费并处应交电费五倍以下的罚款；构成犯罪的，依照刑法第一百五十一条或者第一百五十二条的规定追究刑事责任。

第七十二条　盗窃电力设施或者以其他方法破坏电力设施，危害公共安全的，依照刑法第一百零九条或者第一百一十条的规定追究刑事责任。

第七十三条　电力管理部门的工作人员滥用职权、玩忽职守、徇私舞弊，构成犯罪的，依法追究刑事责任；尚不构成犯罪的，依法给予行政处分。

第七十四条　电力企业职工违反规章制度、违章调度或者不服从调度指令，造成重大事故的，比照刑法第一百一十四条的规定追究刑事责任。

电力企业职工故意延误电力设施抢修或者抢险救灾供电，造成严重后果的，比照刑法第一百一十四条的规定追究刑事责任。

电力企业的管理人员和查电人员、抄表收费人员勒索用户、以电谋私，构成犯罪的，依法追究刑事责任；尚不构成犯罪的，依法给予行政处分。

第十章　附　　则

第七十五条　本法自1996年4月1日起施行。

附：刑法有关条款

第一百零九条　破坏电力、煤气或者其他易燃易爆设备，危害公共安全，尚未造成严重后果的，处三年以上十年以下有期徒刑。

第一百一十条　破坏交通工具、交通设备、电力煤气设备、易燃易爆设备造成严重后果的，处十年以上有期徒刑、无期徒刑或者死刑。

过失犯前款罪的，处七年以下有期徒刑或者拘役。

第一百一十四条 工厂、矿山、林场、建筑企业或者其他企业、事业单位的职工，由于不服管理、违反规章制度，或者强令工人违章冒险作业，因而发生重大伤亡事故，造成严重后果的，处三年以下有期徒刑或者拘役；情节特别恶劣的，处三年以上七年以下有期徒刑。

第一百五十一条 盗窃、诈骗、抢夺公私财物数额较大的，处五年以下有期徒刑、拘役或者管制。

第一百五十二条 惯窃、惯骗或者盗窃、诈骗、抢夺公私财物数额巨大的，处五年以上十年以下有期徒刑；情节特别严重的，处十年以上有期徒刑或者无期徒刑，可以并处没收财产。

附录 2　电力监管条例

第一章　总　　则

第一条　为了加强电力监管，规范电力监管行为，完善电力监管制度，制定本条例。

第二条　电力监管的任务是维护电力市场秩序，依法保护电力投资者、经营者、使用者的合法权益和社会公共利益，保障电力系统安全稳定运行，促进电力事业健康发展。

第三条　电力监管应当依法进行，并遵循公开、公正和效率的原则。

第四条　国务院电力监管机构依照本条例和国务院有关规定，履行电力监管和行政执法职能；国务院有关部门依照有关法律、行政法规和国务院有关规定，履行相关的监管职能和行政执法职能。

第五条　任何单位和个人对违反本条例和国家有关电力监管规定的行为有权向电力监管机构和政府有关部门举报，电力监管机构和政府有关部门应当及时处理，并依照有关规定对举报有功人员给予奖励。

第二章　监　管　机　构

第六条　国务院电力监管机构根据履行职责的需要，经国务院批准，设立派出机构。国务院电力监管机构对派出机构实行统一领导和管理。国务院电力监管机构的派出机构在国务院电力监管机构的授权范围内，履行电力监管职责。

第七条　电力监管机构从事监管工作的人员，应当具备与电力监管工作相适应的专业知识和业务工作经验。

第八条　电力监管机构从事监管工作的人员，应当忠于职守，依法办事，公正廉洁，不得利用职务便利谋取不正当利益，不得在电力企业、电力调度交易机构兼任职务。

第九条 电力监管机构应当建立监管责任制度和监管信息公开制度。

第十条 电力监管机构及其从事监管工作的人员依法履行电力监管职责，有关单位和人员应当予以配合和协助。

第十一条 电力监管机构应当接受国务院财政、监察、审计等部门依法实施的监督。

第三章 监 管 职 责

第十二条 国务院电力监管机构依照有关法律、行政法规和本条例的规定，在其职责范围内制定并发布电力监管规章、规则。

第十三条 电力监管机构依照有关法律和国务院有关规定，颁发和管理电力业务许可证。

第十四条 电力监管机构按照国家有关规定，对发电企业在各电力市场中所占份额的比例实施监管。

第十五条 电力监管机构对发电厂并网、电网互联以及发电厂与电网协调运行中执行有关规章、规则的情况实施监管。

第十六条 电力监管机构对电力市场向从事电力交易的主体公平、无歧视开放的情况以及输电企业公平开放电网的情况依法实施监管。

第十七条 电力监管机构对电力企业、电力调度交易机构执行电力市场运行规则的情况，以及电力调度交易机构执行电力调度规则的情况实施监管。

第十八条 电力监管机构对供电企业按照国家规定的电能质量和供电服务质量标准向用户提供供电服务的情况实施监管。

第十九条 电力监管机构具体负责电力安全监督管理工作。国务院电力监管机构经商国务院发展改革部门、国务院安全生产监督管理部门等有关部门后，制订重大电力生产安全事故处置预案，建立重大电力生产安全事故应急处置制度。

第二十条 国务院价格主管部门、国务院电力监管机构依照法律、行政法规和国务院的规定，对电价实施监管。

第四章　监　管　措　施

　　第二十一条　电力监管机构根据履行监管职责的需要，有权要求电力企业、电力调度交易机构报送与监管事项相关的文件、资料。

　　电力企业、电力调度交易机构应当如实提供有关文件、资料。

　　第二十二条　国务院电力监管机构应当建立电力监管信息系统。电力企业、电力调度交易机构应当按照国务院电力监管机构的规定将与监管相关的信息系统接入电力监管信息系统。

　　第二十三条　电力监管机构有权责令电力企业、电力调度交易机构按照国家有关电力监管规章、规则的规定如实披露有关信息。

　　第二十四条　电力监管机构依法履行职责，可以采取下列措施，进行现场检查：

　　（一）进入电力企业、电力调度交易机构进行检查；

　　（二）询问电力企业、电力调度交易机构的工作人员，要求其对有关检查事项作出说明；

　　（三）查阅、复制与检查事项有关的文件、资料，对可能被转移、隐匿、损毁的文件、资料予以封存；

　　（四）对检查中发现的违法行为，有权当场予以纠正或者要求限期改正。

　　第二十五条　依法从事电力监管工作的人员在进行现场检查时，应当出示有效执法证件；未出示有效执法证件的，电力企业、电力调度交易机构有权拒绝检查。

　　第二十六条　发电厂与电网并网、电网与电网互联，并网双方或者互联双方达不成协议，影响电力交易正常进行的，电力监管机构应当进行协调；经协调仍不能达成协议的，由电力监管机构作出裁决。

第二十七条 电力企业发生电力生产安全事故，应当及时采取措施，防止事故扩大，并向电力监管机构和其他有关部门报告。电力监管机构接到发生重大电力生产安全事故报告后，应当按照重大电力生产安全事故处置预案，及时采取处置措施。电力监管机构按照国家有关规定组织或者参加电力生产安全事故的调查处理。

第二十八条 电力监管机构对电力企业、电力调度交易机构违反有关电力监管的法律、行政法规或者有关电力监管规章、规则，损害社会公共利益的行为及其处理情况，可以向社会公布。

第五章 法律责任

第二十九条 电力监管机构从事监管工作的人员有下列情形之一的，依法给予行政处分；构成犯罪的，依法追究刑事责任：

（一）违反有关法律和国务院有关规定颁发电力业务许可证的；

（二）发现未经许可擅自经营电力业务的行为，不依法进行处理的；

（三）发现违法行为或者接到对违法行为的举报后，不及时进行处理的；

（四）利用职务便利谋取不正当利益的。

电力监管机构从事监管工作的人员在电力企业、电力调度交易机构兼任职务的，由电力监管机构责令改正，没收兼职所得；拒不改正的，予以辞退或者开除。

第三十条 违反规定未取得电力业务许可证擅自经营电力业务的，由电力监管机构责令改正，没收违法所得，可以并处违法所得 5 倍以下的罚款；构成犯罪的，依法追究刑事责任。

第三十一条 电力企业违反本条例规定，有下列情形之一的，由电力监管机构责令改正；拒不改正的，处 10 万元以上 100 万元以下的罚款；对直接负责的主管人员和其他直接责任人员，依法给予处分；情节严重的，可以吊销电力业务许可证：

（一）不遵守电力市场运行规则的；

（二）发电厂并网、电网互联不遵守有关规章、规则的；

（三）不向从事电力交易的主体公平、无歧视开放电力市场或者不按照规定公平开放电网的。

第三十二条　供电企业未按照国家规定的电能质量和供电服务质量标准向用户提供供电服务的，由电力监管机构责令改正，给予警告；情节严重的，对直接负责的主管人员和其他直接责任人员，依法给予处分。

第三十三条　电力调度交易机构违反本条例规定，不按照电力市场运行规则组织交易的，由电力监管机构责令改正；拒不改正的，处10万元以上100万元以下的罚款；对直接负责的主管人员和其他直接责任人员，依法给予处分。电力调度交易机构工作人员泄露电力交易内幕信息的，由电力监管机构责令改正，并依法给予处分。

第三十四条　电力企业、电力调度交易机构有下列情形之一的，由电力监管机构责令改正；拒不改正的，处5万元以上50万元以下的罚款，对直接负责的主管人员和其他直接责任人员，依法给予处分；构成犯罪的，依法追究刑事责任：

（一）拒绝或者阻碍电力监管机构及其从事监管工作的人员依法履行监管职责的；

（二）提供虚假或者隐瞒重要事实的文件、资料的；

（三）未按照国家有关电力监管规章、规则的规定披露有关信息的。

第三十五条　本条例规定的罚款和没收的违法所得，按照国家有关规定上缴国库。

第六章　附　　则

第三十六条　电力企业应当按照国务院价格主管部门、财政部门的有关规定缴纳电力监管费。

第三十七条　本条例自2005年5月1日起施行。

附录3　用电检查管理办法

第一章　总　　则

第一条　为规范供电企业的用电检查行为,保障正常供用电秩序和公共安全,根据《电力法》、《电力供应与使用条例》和国家有关规定,制定本办法。

第二条　电网经营企业、供电企业及其用电检查人员和被检查的用电户,必须遵守本办法。

第三条　用电检查工作必须以事实为依据,以国家有关电力供应与使用的法规、方针、政策,以及国家和电力行业的标准为准则,对用户的电力使用进行检查。

第二章　检查内容与范围

第四条　供电企业应按照规定对本供电营业区内的用户进行用电检查,用户应当接受检查并为供电企业的用电检查提供方便。用电检查的内容是:

(1) 用户执行国家有关电力供应与使用的法规、方针、政策、标准、规章制度情况。

(2) 用户受(送)电装置工程施工质量检验。

(3) 用户受(送)电装置中电气设备运行安全状况的。

(4) 用户保安电源和非电性质的保安措施。

(5) 用户反事故措施。

(6) 用户进网作业电工的资格、进网作业安全状况及作业安全保障措施。

(7) 用户执行计划用电、节约用电情况。

(8) 用电计量装置、电力负荷控制装置、继电保护和自动装置、调度通信等安全运行状况。

(9) 供用电合同及有关协议履行的情况。

(10) 受电端电能质量状况。

（11）违章用电和窃电行为。

（12）并网电源、自备电源并网安全状况。

第五条　用电检查的主要范围是用户受电装置，但被检查的用户有下列情况之一者，检查的范围可延伸至相应目标所在处：

（1）有多类电价的。

（2）有自备电源设备（包括自备发电厂）的。

（3）有二次变压配电的。

（4）有违章现象需延伸检查的。

（5）有影响电能质量的用电设备的。

（6）发生影响电力系统事故需作调查的。

（7）用户要求帮助检查的。

（8）法律规定的其他用电检查。

第六条　用户对其设备的安全负责。用电检查人员不承担因被检查设备不安全引起的任何直接损坏或损害的赔偿责任。

第三章　组织机构及人员资格

第七条　用电检查实行按省电网统一组织实施，分级管理的原则，并接受电力管理部门的监督管理。

第八条　各跨省电网、省级电网和独立电网的电网经营企业，在其用电管理部门应配备专职人员，负责网内用电检查工作。其职责是：

（1）负责受理网内供电企业用电检查人员的资格申请、业务培训、资格考核和发证工作。

（2）依据国家有关规定，制订并颁发网内用电检查管理的规章制度。

（3）督促检查供电企业依法开展用电检查工作。

（4）负责网内用电检查的日常管理和协调工作。

第九条　供电企业在用电管理部门配备合格的用电检查人员和必要的装备，依照本办法规定开展用电检查工作。其职责是：

（1）宣传贯彻国家有关电力供应与使用的法律、法规、方针、政策以及国家和电力行业标准、管理制度。

（2）负责并组织实施下列工作：

1）负责用户受（送）电装置工程电气图纸和有关资料的审查；

2）负责用户进网作业电工培训、考核并统一报送电力管理部门审核、发证等事宜；

3）负责对承装、承修、承试电力工程单位的资质考核，并统一报送电力管理部门审核、发证；

4）负责节约用电措施的推广应用；

5）负责安全用电知识宣传和普及教育工作；

6）参与对用户重大电气事故的调查；

7）组织并网电源的并网安全检查和并网许可工作。

（3）根据实际需要，按本办法第四条规定的内容定期或不定期地对用户的安全用电、节约用电、计划用电状况进行监督检查。

第十条 根据用电检查工作需要，用电检查职务序列为一级用电检查员、二级用电检查员、三级用电检查员。

第十一条 对用电检查人员的资格实行考核认定。用电检查资格分为：一级用电检查资格，二级用电检查资格，三级用电检查资格三类。

第十二条 申请一级用电检查资格者，应已取得电气专业高级工程师或工程师、高级技师资格；或者具有电气专业大专以上文化程度，并在用电岗位上连续工作5年以上；或者取得二级用电检查资格后，在用电检查岗位工作5年以上者。申请二级用电检查资格者，应已取得电气专业工程师、助理工程师、技师资格；或者具有电气专业中专以上文化程度，并在用电岗位连续工作3年以上；或者取得三级用电检查资格后，在用电检查岗位工作3年以上者。申请三级用电检查资格者，应已取得电气专业助理工程师、技术员资格；或者具有电气专业中专以上文化程度，并在用电岗位工作1年以上；或者已在用电检查岗位连续工作5

年以上者。

第十三条　用电检查资格由跨省电网经营企业或省级电网经营企业组织统一考试，合格后发给相应的《用电检查资格证书》。《用电检查资格证书》由国务院电力管理部门统一监制。

第十四条　聘任为用电检查职务的人员，应具备下列条件：

（1）作风正派，办事公道，廉洁奉公。

（2）已取得相应的用电检查资格。聘为一级用电检查员者，应具有一级用电检查资格；聘为二级用电检查员者，应具有二级及以上用电检查资格；聘为三级用电检查员者，应具有三级及以上用电检查资格。

（3）经过法律知识培训，熟悉与供用电业务有关的法律、法规、方针、政策、技术标准以及供用电管理规章制度。

第十五条　三级用电检查员仅能担任 0.4kV 及以下电压受电的用户的用电检查工作。二级用电检查员能担任 10kV 及以下电压供电用户的用电检查工作。一级用电检查员能担任 220kV 及以下电压供电用户的用电检查工作。

第四章　检　查　程　序

第十六条　供电企业用电检查人员实施现场检查时，用电检查员的人数不得少于两人。

第十七条　执行用电检查任务前，用电检查人员应按规定填写《用电检查工作单》，经审核批准后，方能赴用户执行查电任务。查电工作终结后，用电检查人员应将《用电检查工作单》交回存档。《用电检查工作单》内容应包括：用户单位名称、用电检查人员姓名、检查项目及内容、检查日期、检查结果，以及用户代表签字等栏目。

第十八条　用电检查人员在执行查电任务时，应向被检查的用户出示《用电检查证》，用户不得拒绝检查，并应派员随同配合检查。

第十九条　经现场检查确认用户的设备状况、电工作业行为、运行管理等方面有不符合安全规定的,或者在电力使用上有明显违反国家有关规定的,用电检查人员应开具《用电检查结果通知书》或《违章用电、窃电通知书》一式两份,一份送达用户并由用户代表签收,一份存档备查。

第二十条　现场检查确认有危害供用电安全或扰乱供用电秩序行为的,用电检查人员应按下列规定,在现场予以制止。拒绝接受供电企业按规定处理的,可按国家规定的程序停止供电,并请求电力管理部门依法处理,或向司法机关起诉,依法追究其法律责任。

（1）在电价低的供电线路上,擅自接用电价高的用电设备或擅自改变用电类别用电的,应责成用户拆除擅自接用的用电设备或改正其用电类别,停止侵害,并按规定追收其差额电费和加收电费。

（2）擅自超过注册或合同约定的容量用电的,应责成用户拆除或封存私增电力设备,停止侵害,并按规定追收基本电费和加收电费。

（3）超过计划分配的电力、电量指标用电的,应责成其停止超用,按国家有关规定限制其所用电力并扣还其超用电量或按规定加收电费。

（4）擅自使用已在供电企业办理暂停使用手续的电力设备或启用已被供电企业封存的电力设备的,应再次封存该电力设备,制止其使用,并按规定追收基本电费和加收电费。

（5）擅自迁移、更动或操作供电企业用电计量装置、电力负荷控制装置、供电设施以及合同（协议）约定由供电企业调度范围的用户受电设备的,应责成其改正,并按规定加收电费。

（6）未经供电企业许可,擅自引入（或供出）电源或者将自备电源擅自并网的,应责成用户当即拆除接线,停止侵害,并按规定加收电费。

第二十一条　现场检查确认有窃电行为的,用电检查人员应当场予以中止供电,制止其侵害,并按规定追补电费和加收电费。拒绝接受处理的，应报请电力管理部门依法给予行政处罚；情节严重，违反治安管理处罚规定的，由公安机关依法予以治安处罚；构成犯罪的，由司法机关依法追究刑事责任。

第五章　检 查 纪 律

第二十二条　用电检查人员应认真履行用电检查职责，赴用户执行用电检查任务时，应随身携带《用电检查证》，并按《用电检查工作单》规定项目和内容进行检查。

第二十三条　用电检查人员在执行用电检查任务时，应遵守用户的保卫保密规定，不得在检查现场替代用户进行电工作业。

第二十四条　用电检查人员必须遵纪守法，依法检查，廉洁奉公，不徇私舞弊，不以电谋私。违反本条规定者，依据有关规定给予经济的、行政的处分；构成犯罪的，依法追究其刑事责任。

第六章　附　　则

第二十五条　本办法自 1996 年 9 月 1 日起施行。

附录4 居民用户家用电器损坏处理办法

第一条 为保护供用电双方的合法权益，规范因电力运行事故引起的居民用户家用电器损坏的理赔处理，公正、合理地调解纠纷，根据《电力法》、《电力供应与使用条例》和国家有关规定，制定本办法。

第二条 本办法适用于由供电企业以220V/380V电压供电的居民用户，因发生电力运行事故导致电能质量劣化，引起居民用户家用电器损坏时的索赔处理。

第三条 本办法所称的电力运行事故，是指在供电企业负责运行维护的220V/380V供电线或设备上因供电企业的责任发生的下列事件：

（1）在220V/380V供电线路上，发生相线与零线接错或三相相序接反。

（2）在220V/380V供电线路上，发生中性线断线。

（3）在220V/380V供电线路上，发生相线与中性线互碰。

（4）同杆架设或交叉跨越时，供电企业的高电压线路导线掉落到220V/380V线路上或供电企业高电压线路对220V/380V线路放电。

第四条 由于第三条列举的原因出现若干户家用电器同时损坏时，居民用户应及时向当地供电企业投诉，并保持家用电器损坏原状。供电企业在接到居民用户家用电器损坏投诉后，应在24h内派员赴现场进行调查、核实。

第五条 属于本办法第三条所列事件引起家用电器损坏的，供电企业应会同居委会（村委会）或其他有关部门，共同对受害居民用户损坏的家用电器名称、型号、数量、使用年月、损坏现象等进行登记和取证。登记笔录材料应由受害居民用户签字确认，作为理赔处理的依据。

第六条 供电企业如能提供证明，居民用户家用电器的损坏是不可抗力、第三人责任、受害者自身过错或产品质量事故等原因引起，并经县级以上电力管理部门核实无误，供电企业不承担赔偿责任。

第七条　从家用电器损坏之日起七日内，受害居民用户未向供电企业投诉并提出索赔要求的，即视为受害者已自动放弃索赔权。超过七日的，供电企业不再负责其赔偿。

第八条　损坏的家用电器经供电企业指定的或双方认可的检修单位检定，认为可以修复的，按本办法第九条规定处理；认为不可修复的，按本办法第十条规定处理。

第九条　对损坏家用电器的修复，供电企业承担被损坏元件的修复责任。修复时就尽可能以原型号、规格的新元件修复；无原型号规格的新元件可供修复时，可采用相同功能的新元件替代。修复所发生的元件购置费、检测费均由供电企业负担。不属于责任损坏或未损坏的元件，受害居民用户也要求更换时，所发生的元件购置费与修理费应由提出要求者负担。

第十条　对不可修复的家用电器，其购买时间在六个月及以内的，按原购货发票价，供电企业全额予以赔偿；购置时间在六个月以上的，按原购货发票价，并按本规定第十二条规定的使用寿命折旧后的余额，予以赔偿。使用所限已超过规定第十二条规定仍在使用的，或者折旧后的差额低于原价10％的，按原价的10％予以赔偿。使用时间以发票开具的日期为准开始计算。对无法提供购货发票的，应由受害居民用户负责举证，经供电企业核查无误后，以证明出具的购置日期时的国家定价为准，按前款规定补偿。以外币购置的家用电器，按购置时国家外汇牌价折人民币计算其购置价，以人民币进行清偿。

第十一条　在理赔处理中，供电企业与受害居民用户因赔偿问题达不成协议的，由县级以上电力管理部门调解，调解不成的，要向司法机关申请裁定。

第十二条　各类家用电器的平均使用所限为：电子类：如电视机、音响、录像机、充电器等，使用寿命为10年；电机类：

如电冰箱、空调器、洗衣机、电风扇、吸尘器等，使用寿命为12年；电阻电热类：如电饭煲、电热水器、电茶壶、电炒锅等，使用寿命为5年；电光源类：白炽灯、气体放电灯、调光灯等，使用寿命为2年。

第十三条　供电企业对居民用户家用电器损坏所支付的修理费用或赔偿费，由供电生产成本中列支。

第十四条　第三人责任致使居民用户家用电器损坏的，供电企业应协助受害居民用户向第三人索赔，并可比照本办法进行处理。

第十五条　本办法自1996年9月1日起施行。

附录5 国家电网公司标准化示范
供电所评价考核标准

为认真落实"四化"工作要求深入推进农电标准化建设工作，全面提高供电所管理和服务水平，本着管理水平较高、工作指标较优、创新能力较强的原则，建设标准化示范供电所。根据公司《关于开展标准化供电所建设工作的通知》（农管〔2009〕21号）的要求，结合公司农电实际，特制定《国家电网公司标准化示范供电所评价考核标准》。

本标准适用于考核国家电网公司标准化示范供电所。

一、考评办法

（1）本标准考核内容分"必备条件"、"考核标准"两部分。

（2）"必备条件"是标准化示范供电所必须具备的条件。

（3）"考核标准"分九大项，总分1000分，其中组织机构100分，基础管理120分，基础设施100分，流程管理150分，现场作业140分，专业管理120分，客户服务100分，队伍建设90分，信息化建设80分，考评总分达900分，且各项考评得分均在90%以上，认定达到标准化示范供电所标准要求。

（4）"考评标准"中各相指标评分扣完为止，不倒扣分。

二、必备条件

（1）达到网省公司标准化供电所的评价标准且具有典型示范效应。

（2）积极开展农电标准化建设工作，完成供电所标准体系建设任务。

（3）申报年度和考核年度内：无人身伤亡事故，无设备事故无责任性农村人身触电伤亡事故，无负主要责任的交通事故，无火灾事故。

（4）供电所的优质服务工作达到国家电网公司《农村供电营业规范服务示范窗口标准》要求，申报年度和考核年度内未发生责任投诉以及越级上访、集体上访事件，无行风突发事件，无因供电所人员服务不到位引起的新闻媒体曝光及造成重大社会负面影响的事件。

（5）根据《劳动法》和《劳动合同法》等国家法律法规要求，依法用工，履行合法用工手续，并按照属地原则缴纳基本社会保险。农电队伍和谐稳定，无工作人员违法违纪事件。

（6）主要经济技术指标：

1）考核期前三年电费结零，当年电费回收率100%；

2）高压线损率≤4.5%，低压线损率≤7.5%；

3）居民客户端电压合格率≥98%。

（7）贯彻落实供电所作业组织专业化工作要求，按专业分工进行机构设置，实现营配分开、抄核收分离。

（8）全面开展现场标准化作业，作业指导书（卡）规范，现场作业人员掌握作业流程、作业标准、危险点辨识与控制及工艺质量的内容。

（9）按国家电网公司或网省公司制度的规范化管理流程开展业务工作，实现信息化闭环管理实现与县供电企业实时数据传输，供电所综合管理信息系统通过地市或网省公司实用化验收。

三、考核标准评分表

考核标准评分表见附表5-1。

国家电网公司标准化示范供电所考核标准

附表 5－1

项目	标　准　要　求	重点检查内容	标准分	评分办法	扣分	实得分
一、组织机构（100分）	1. 供电所的定位和设置	（1）供电所是县供电企业的派出机构，人、财、物已纳入县供电企业统一管理。 （2）按照便于管理、方便客户、经济合理的原则设置供电所	（1）供电所组织机构图。 （2）县供电企业机构设置相关文件、供电所供电区域的地理接线图	20	未纳入统一管理扣10分；供电所（含营业网点）设置不科学合理扣10分		
	2. 供电所的机构设置	按照国家电网公司有关要求，设置专业班组和岗位，实行专业化分工，实现营配分离、抄收分开	（1）县供电企业作业组织专业化相关文件。 （2）现场抽查工作实施情况	20	有一项不符合要求扣3分；缺少一项扣5分		
	3. 供电所的岗位设置	岗位职责明确，工作标准清晰，并有县供电企业对供电所、供电所对班组和工作岗位的考核办法	（1）供电所人员岗位工作标准。 （2）考核记录	30	有一项不符合要求扣3分；未实施考核发现一处扣2分		
	4. 供电所的定编定员	严格按照国家电网公司《乡镇及农村配电与营业业务定员标准》，认真开展"定编定岗定员"工作。供电所组织结构优化、人员配置符合要求	（1）经上级主管部门批复的定编定员实施方案。 （2）供电所人员花名册	30	无批复文件扣5分；有一项未按要求落实扣2分		

续表

项目	标　准　要　求		重点检查内容	标准分	评分办法	扣分	实得分
二、基础管理（120分）	1. 标准体系	（1）根据国家电网公司农电标准体系建设中的供电所管理基础标准目录，结合本地实际，整合有关内容，更新、补充完善电供电所规章制度。 （2）供电所依据规章制度开展各项工作。 （3）供电所通过计算机实现规章制度和基础资料信息化管理，及时更新、上传	（1）供电所管理基础标准及目录表。 （2）现场抽查制度落实情况。 （3）资料信息化管理情况	40	工作标准更新、补充完善不及时扣10分，标准内容不实扣3分；有一项标准未落实扣5分，实效性不强扣2分；资料未实现信息化管理扣10分，有一项不符合要求扣5分		
	2. 基础资料	（1）县供电企业根据省公司的要求，对供电所管理制度、记录、台账等基础资料，按照简洁、实用、闭环的原则，统一规范、明确内容、格式和填写要求	（1）供电所资料目录索引。 （2）供电所资料格式。 （3）供电所各类资料填写要求	50	缺一项扣5分，有一项内容不实用扣2分		

续表

项目		标　准　要　求	重点检查内容	标准分	评分办法	扣分	实得分
二、基础管理（120分）	2.基础资料	(2) 供电所根据工作实际、据实填写各项记录、合账，健全基础资料，分专业班组存放，资料目录存清晰并分类管理规范；各种规程、规章制度、各类技术标准健全、保存完善	(1) 有关规程目录和分布统计表。 (2) 现场抽查各项记录、合账	50	缺一项扣 5 分，一项内容不规范扣 2 分，未反映出工作过程管理的每一项扣 3 分		
	3.例行工作	按规定做好各种工作计划、召开规定的会议，组织开展计划内的学习活动，并取得实效	(1) 例会制度及会议记录。 (2) 年、月度工作计划	30	缺一项扣 5 分，有一项不符合要求扣 2 分		
三、基础设施（100分）	1.硬件建设	(1) 供电所严格按照网省公司统一的供电所基础设施建设标准建设，并经上级主管部门审批后实施，应具备营业厅、办公室、值班(抢修)室、工器具室、备品备件室、资料档案室等功能区域。 (2) 供电所各功能区实现定置管理、简洁规范、办公环境整洁、有序、卫生始终保持良好，环境卫生始终保持良好，体现标准化企业的良好形象	(1) 供电所基础设施建设标准。 (2) 现场检查各功能区。 (3) 定置图及管理情况	40	有一项未按要求设置扣 5 分，有一项不符合要求扣 5 分		

续表

项目	标准要求	重点检查内容	标准分	评分办法	扣分	实得分
三、基础设施(100分)	2. 视觉识别系统应用 (1) 供电所所已应用国家电网公司统一制定的V1视觉识别系统内容，必须具备门牌、背景板、标牌、营业时间、灯箱、防撞条等必选件。(2) 按照内网省公司统一的上墙公示内容和样式，在显著位置公布标准服务监督栏、"三个一条"、电价标准及业扩报装流程等内容，做到各类标志清晰醒目	(1) 公司V1视觉识别系统。(2) 公司营业窗口统一上墙公示内容	40	必选件应用或上墙公示内容缺一项扣5分，有一项内容不符合要求扣3分		
	3. 抢修交通工具 供电所配备有抢修车辆、统一使用国家电网公司标识系统，定期进行保养和维修。根据实际情况，配备应急供电设备	(1) 查看抢修车状况及其技术状况。(2) 应急供电设备配备情况	20	无抢修车不得分，未应用公司标识系统扣10分，技术状况差扣5分。必要时未配备应急设备的扣5分		
四、流程管理(50分)	1. 流程标准 按照国家电网公司标准化管理流程的要求，制定适合本企业实际的标准化管理流程	管理流程标准	40	无流程标准不得分，实效性不强扣5分，有一项不符合要求扣5分		

续表

项目	标　准　要　求	重点检查内容	标准分	评分办法	扣分	实得分
四、流程管理（150分）	2. 流程执行	供电所按照标准化管理流程开展工作，相关责任部门对其工作流程的开展情况进行监督检查，并以考核的形式进行落实，相关人员熟练掌握业务流程，严格按照流程标准要求及时、高效做好本岗位工作	（1）工作流程执行情况。 （2）考核记录、现场抽查情况	60	有一项未按要求实施扣15分，一人不熟悉流程扣10分		
	3. 流程管理	业扩报装、计量管理、抢修管理、缺陷处理、设备管理等流程实现信息化闭环管理	工作流程的信息化闭环管理情况	50	有一项未按要求实施扣10分		
五、现场作业（140分）	1. 配电设施管理	（1）按要求建设配电台区和线路、配电设置及生产设备管理规范、资产清晰，设备档案资料齐全、运行维护到位。认真开展配电设施"两清理"工作，配电线路标识、编号等规范。 （2）安全工器具及时开展试验、保管规范，出入库记录清晰。 （3）备品备件配置符合要求，管理规范、定制摆放、帐卡物相符	（1）供电设备台帐。 （2）配电线路、台区。 （3）安全工器具室及备品备件等	40	发现配电设施建设、管理、安全工器具校验、出入库记录、备品备件帐卡物一致性、摆放等一处不符合要求扣5分		

续表

项目	标 准 要 求	重点检查内容	标准分	评分办法	扣分	实得分
五、现场作业（140分） 2. 安全生产管理	（1）安全生产三大体系（管理、监督、保证）责任落实到位。 （2）安全管理体系健全，及时开展安全检查及评价工作，并圆满完成安全生产实效指标。 （3）安全生产责任到人，并与薪酬挂钩。 （4）台区剩余电流动作保护装置管理规范，及时督促客户安装末级剩余电流动作保护器。 （5）积极开展创建无违章供电所和争做无违章先进个人活动，效果明显	（1）安全组织机构及各类规章制度。 （2）安全体系图、安全生产责任状。 （3）安全分析、周安全活动和安全培训记录、安全检查记录及考核情况；安全目标完成情况。 （4）剩余电流动作保护装置（器）安装及管理情况。 （5）"无违章创活动"情况	50	（1）组织机构不健全、安全生产任务未完成不得分。 （2）安全检查及评价工作中一处不符合要求扣2分。 （3）安全考核达不到位扣10分。 （4）发现一处剩余电流动作保护装置（器）管理不规范扣2分。 （5）"无违章创活动"开展不扎实、效果不明显扣10分		

续表

项目	标准要求	重点检查内容	标准分	评分办法	扣分	实得分
五、现场作业（140分）	3. 现场作业实施 (1) 认真执行"两票、三制"；工作票、操作票合格率100%；两措计划完成率达100%。 (2) 现场作业严格按照标准化作业指导书（卡）执行。 (3) 充分利用现场标准化作业辅助（卡）。 (4) 现场施工达到标准化作业标准。	(1) 两票、施工安全措施、两措计划完成情况。 (2) 现场工作记录、班前班后会记录。 (3) 标准化作业指导书、标准化作业辅助系统。	50	(1) 现场纪律，两票填写等要求发现一处不符合要求扣5分，两措计划未完成每项扣5分。 (2) 未编制使用标准化作业指导书扣10分，编制内容不符合要求扣2分。 (3) 未按规定进行现场勘察每次扣2分；每项工程开工前必须具备安全措施工作票，发现一次不具备工作扣5分；开工前不召开班前会扣2分；经现场考问工作人员回答每项内容不清楚每次扣2分；工作现场人员不按规定着装每人次扣2分。		

续表

项目	标准要求	重点检查内容	标准分	评分办法	扣分	实得分
六、专业管理（120分） 1. 业扩报装	(1) 业扩报装（高、低压分开），变更用电严格按照工作流程进行，实行"一口对外"工作时限符合规定，各种资料完备、详实。 (2) 业扩报装（高、低压分开）等流程实现信息化闭环管理，做到现场实际、客户档案和营销系统相符。 (3) 规范客户工程服务，在设计、施工、材料供应方面严格遵循"三不指定"要求	(1) 用电申请和供电方案、设计预算、工作票、装表单及验收纪录（单）客户意见表。 (2) 客户抄表帐本、档案。 (3) 客户供用电合同	20	未严格按照工作流程和时限开展工作扣3分，缺一项扣2分；未严格执行报装流程每环节扣2分，发现线路有私自增容现象，扣5分；新增客户未经验收私自上卡，每户扣3分；有一户计算机档案不全扣1分，供用电合同主体不合法扣5分，填写不规范1处扣2分		

续表

项目	标准要求	重点检查内容	标准分	评分办法	扣分	实得分
六、专业管理（120分）	2. 计量管理	（1）落实电能计量装置管理的各项标准和制度，严格执行计量装置检验和轮换工作流程，建立健全计量装置台账、计量装置配置、安装符合规范，异常处理程序规范。周期校验率、计量装置轮换率均达到100%，计量装置故障差错率不大于1%。 （2）计量装置完好率达到100%。按规定领用合格的装表接电新表计。 （3）封印应由专人管理；领用封印有备案手续，并不得转借、丢失	（1）轮换企业资产表计计划及轮校客户表计情况。 （2）轮换工作单。 （3）电能表档案	20	未按时轮换（轮校）每户扣1分；轮换范围的工作单填写不规范每户扣1分；出现账、卡、物不相符情况每户扣1分；计量装置有一处不符合要求扣2分；发现转借、外借每装置扣1分；封印备案手续每次扣5分；不履行备案手续扣1分		

续表

项目	标准要求	重点检查内容	标准分	评分办法	扣分	实得分
六、专业管理（120分） 3. 抄核收管理	（1）认真执行抄、核、收分离制度，落实工作流程管理，按时足额回收电费，月结月清，电能表实抄率达到100%，电费差错率为0，抄表收和欠费催收均依照流程执行。（2）实行计算机开票，采用座收、银行代收、邮政储蓄、自动缴费等多种收费方法，方便客户缴费。（3）严格执行国家电价政策，杜绝搭车收费，电价执行正确率100%；完成公司下达的年度经营指标	（1）实抄率记录。（2）电费发票	20	抄表率达到要求（居民≥98%，其他率100%），电费差错率为0。一项未达到扣2分；电价执行不正确发现一处扣2分；未实行计算机实时开票发现无票收费每户扣2分；电费交销手续不健全或不及时扣2分		
4. 营业普查和用电检查	（1）定期开展营业普查，随机开展用电检查。营业普查计划、检查记录规范，按阶段开展工作，及时小结和总结，用电检查按计划完成率100%，问题查处率100%。（2）有针对性地开展反窃电和反违章用电工作，做到依法查处	（1）用电营业普查、检查计划。（2）营业普查记录。（3）反窃电和反违章用电查处记录	20	有记录不全、资料不实、报表不相符等现象一处扣3分		

续表

项目	标　准　要　求	重点检查内容	标准分	评分办法	扣分	实得分
六、专业管理（120分） 5. 节能降损管理	（1）按照县供电企业线损规范化管理标准开展线损管理工作。线损指标管理科学，实行分线、分压、分台区和分责任的考核指标，完成县供电企业下达的考核指标。 （2）完善线损考核办法，设立线损考核指标和激励指标，严格考核相和兑现奖惩，严禁以包代管，严禁全奖同，实行按月统计、按月考核，按规定兑现奖惩。 （3）定期召开经营分析会，分析线损变化原因，制定整改措施并监督落实和反馈。 （4）认真开展线损理论计算与统计分析、线损指标控制在制定范围，降损效果明显	（1）线损管理体系。 （2）线损指标计划、分析、总结。 （3）线损理论计算资料。 （4）经济活动分析。 （5）高、低压线损率统计台帐。 （6）线损考核记录	20	线损管理组织不健全扣2分；线损指标计划、总结、分析每缺少一项扣2分；由于本所原因造成年度按期未按时完成扣2分；资料不符合要求每项扣1分；未与经济责任制挂钩扣1分；降损措施无针对性、实效不明显扣2分；措施未落实扣2分；未每年进行一次低压线损理论计算扣2分；线损理论计算报告不完整、指导性不强，不符合经营要求扣1分；实际降损效果报告不符合要求扣1分；高、低压线损率统计台帐和月线损统计分资料未按月完成扣1分；资料未按时上报扣1分、与实际不相符扣1分		

续表

项目	标 准 要 求	重点检查内容	标准分	评分办法	扣分	实得分
六、专业管理（120分）	6. 电压无功管理	（1）严格执行落实县供电企业电压无功管理工作规定，积极开展无功优化管理，改进电压质量。提高无功补偿能效，完成县供电企业下达的电压合格率、功率因素等指标。（2）加强对配变及线路无功补偿装置的巡视、维护，确保电容器可用率达97%，每月上报可用率报表；要督促客户按规定配置无功补偿装置，实现无功功率就地平衡，提高功率因数，10kV 单条线路的功率因数达到0.9 及以上。（3）按照省公司要求合理设置电压监测点，定期对电压监测装置进行巡视检查，做好基础数据的统计、分析和上报	（1）电压无功管理指标落实情况。（2）统计报表、台帐、分析、总结。（3）电压监测点分布图、现场检查	10	缺一项扣 2 分；有一项内容不符合要求扣 1 分；未完成指标扣 2 分		

续表

项目	标　准　要　求	重点检查内容	标准分	评分办法	扣分	实得分
六、专业管理（120分）	7.供电可靠性管理	（1）严格落实供电可靠性工作计划、采取提高供电可靠率的技术措施，尽可能地减少停电次数和停电时间、完成县供电企业下达的指标 （2）对辖区内配网的供电可靠率进行定期分析，做好统计和汇总上报工作 （3）计划检修，按规定提前做好停电公告工作	（1）可靠性工作计划、保电技术措施 （2）供电可靠性指标落实、考核情况 （3）统计报表、分析、总结 （4）综合计划检修落实情况、检查工作票、操作票、停送电记录、事故抢修记录、停电检修计划等基础资料	10	缺一项扣2分、有一项内容不符合要求扣1分、未完成指标扣2分		
七、客户服务（120分）	1.服务质量管理	优质服务和事故防控急预案和事故防控预案，全面落实县供电企业优质服务和供电服务突发事件处理的有关规定	应急预案和事故防控预案	10	缺一项扣2分、有一项内容不符合要求扣1分、开展不力有一项扣1分		

续表

项目	标准要求	重点检查内容	标准分	评分办法	扣分	实得分
七、客户服务（20分）	2. 95598客户服务系统 落实95598服务闭环管理流程，报修工作实现闭环管理，及时受理、处理、回复95598传递的业务咨询、故障报修、投诉举报等电子工单	（1）95598客户服务系统。 （2）关闭管理记录	15	工作过程中未及时回复扣2分，有一项未按要求完成扣5分		
	3. 员工服务行为规范 （1）严格遵守国家电网公司员工服务"十个不准"，窗口和现场服务员工服务行为规范，办理客户业务时限符合国家电网公司要求等。 （2）上门服务人员符合当地风俗习惯、行为文明规范，工作结束后并征求客户意见和建议	现场抽查	10	有一项不符合要求扣2分		
	4. 业务回访 建立健全业扩、报修等客户业务回访制度，定期对客户进行回访，来信、来访、咨询、投诉处理率100%	（1）工作满意调查等信息反馈情况。 （2）来信、来访、咨询、投诉记录	15	缺一项扣5分，有一项内容不符合要求扣2分，开展不力有一项扣2分		

续表

项目		标准要求	重点检查内容	标准分	评分办法	扣分	实得分
七、客户服务（120分）	5. 行风监督及信息反馈	落实行风监督及信息反馈机制度，扎实开展工作，定期召开监督员座谈会（供电所每年至少一次）或走访客户，为客户提供多种信息反馈渠道	(1) 行风工作计划及总结。 (2) 座谈会或走访客户记录	10	缺一项扣5分，有一项不符合要求扣3分，开展不力有一项扣2分		
	6. 便民服务活动和农电特色服务	(1) 根据上级要求，结合当地特色，有针对性地开展便民服务活动和农电特色服务、效果明显。 (2) 制定便民服务计划，定期开展便民服务，建立特殊客户档案	(1) 便民服务计划、特色服务实施情况。 (2) 特殊客户档案	15	有一项不符合要求扣3分，效果不明显扣2分		
	7. 首问负责制	实行"首问负责制"，提高办事效率，为客户提供优质、方便、快捷的服务	工作实绩	10	有一项不符合要求扣2分		
	8. 优质服务常态机制	落实营业窗口的优质服务常态机制，客户评价满意率≥98%；十项服务承诺兑现率100%	(1) 满意率调查统计表。 (2) 承诺兑现情况	15	有一项不符合要求扣2分		

续表

项目	标准要求	重点检查内容	标准分	评分办法	扣分	实得分
八、队伍建设（90分）	1. 用工管理	落实用工管理制度，依法用工，全员实行劳动合同管理。劳动合同签订、变更劳动合同规范，及时签订、变更劳动合同	劳动合同书	10	有一项不符合要求扣5分		
	2. 农电工管理	根据国家电网公司有关要求，认真落实省公司或县供电企业制定的农电工管理办法	(1) 管理办法或制度。(2) 考核奖惩记录	10	有一项不符合要求扣5分		
	3. 薪酬管理	(1) 落实县供电企业薪酬管理办法，实现同岗同薪。(2) 实行全员绩效考核，按时发放工资，定期考核，兑现绩效工资	(1) 考核记录。(2) 绩效工资兑现记录及绩效工资考核办法	20	有一项不符合要求扣2分		
	4. 持证上岗	积极落实农电员工岗位培训常态机制，加强技能培训。供电所全面实现人员持证上岗（通过培训考试合格，每人具备国家电网公司供电所人员上岗证），持证率达100%	(1) 员工持证情况。(2) 基本技能掌握情况	20	有一人无上岗证扣2分；抽查有一人技能不符合要求扣2分		

续表

项目	标准要求	重点检查内容	标准分	评分办法	扣分	实得分
八、队伍建设（90分） — 5.人员学习培训	年度培训计划具体明确，落实到人，并做好相关记录	(1) 职工培训计划。(2) 职工培训的档案和试卷	20	培训资料不齐全有一项扣3分，一项不符合要求扣2分		
6.团队文化	积极培育团队文化的氛围，倡导团结向上的氛围，增强凝聚力，有自己的团队文化	工作实绩	10	效果不明显扣3分，一项不符合要求扣2分		
九、信息系统应用（80分） — 1.网络建设	(1) 建有一体化的信息网络，网络运行正常可靠，实现与县供电企业数据实时传输。(2) 计算机配置及数量满足办公和业务流转的需要，其中管理人员、营业窗口每人一台	(1) 网络运行情况。(2) 计算机台帐	15	网络运行不稳定扣5分，未实现数据实时传输扣5分，计算机配置不能满足工作需要每一人扣2分		
2.系统建设	供电所信息管理系统应用高效、通畅，具备设备信息、营销数据、流程控制、指标分析、操作票、工作票、业绩考核等实时管理功能。业扩流程等安全生产、营销管理工作流程实现网络流转。信息系统实现网络流转，定期进行异地备份，建立固定的数据库备份。系统有网络防病毒措施，建立进行异地权限控制机制、系统权限操作权限和密码管理办法	查看信息管理系统功能及运行情况	30	功能有一项不实现扣10分，有一个流程未实现扣5分，信息系统安全措施不到位扣5分		

续表

项目	标 准 要 求	重点检查内容	标准分	评分办法	扣分	实得分
九、信息系统应用（80分）	3.工作人员应用情况	相关工作人员熟练使用信息管理系统，能按规定时限完成相关工作任务，根据实际情况及时更新数据信息	实地抽查工作人员，查看系统数据更新情况	20	人员不能熟悉使用本岗位的功能模块发现一人扣10分，数据更新不及时发现一处扣5分		
	4.科技信息技术应用	应用集中抄表等改进营销服务手段、部分台区采用新技术、新设备方便客户用电	工作实绩	15	未采用集抄扣5分；应用新技术、新设备效果不明显扣3分		

162

附录6　国家电网公司农电工优秀人才评选管理办法

第一章　总　　则

第一条　为深入推进公司"两个转变",加快实施人才强企战略,优化农电工人才队伍结构,培养和建设一支"业务过硬、作风优良、结构合理、服务优质"的高素质农电工队伍。加快建设公司农电工优秀人才培养选拔机制,充分调动农电工队伍的积极性、主动性和创造性,激励农电工各类人才脱颖而出,促进农电工人才队伍建设。根据《国家电网公司优秀专家人才遴选管理办法》(国家电网人资〔2007〕553号),结合农电工作实际,制定本办法。

第二条　实施农电工优秀人才评选活动,从农电工队伍中培养选拔200名优秀供电所管理人才;400名优秀配电运检技能人才;400名优秀营销服务技能人才。

第三条　农电工优秀人才评选和管理工作遵循下列原则:

(一)以促进企业持续、快速、健康发展为根本出发点。

(二)以品德、业绩、能力、学识、廉洁为主要衡量标准。

(三)拓宽员工职业发展通道,鼓励员工岗位成才。

(四)坚持公开、平等、竞争、择优。

(五)实行评选与待遇、使用、培训、考核相结合。

(六)实行分类、分级管理和动态管理。

第四条　农电工优秀人才评选原则上每三年进行一次。农电工优秀人才资格年限(亦称管理期限或任期)为三年。任期届满,资格自动取消,重新评选。

第五条　本办法适用于公司所属网、省公司管辖的市、县供电企业聘用的在岗农电工。

第二章　工作机构及职责

第六条　为加强组织领导,公司成立农电工优秀人才评审委员会，负责农电工优秀人才评选工作，审查决定有关优秀人才评选的重要事项。评审委员会主任由公司领导担任，成员包括公司相关部门负责人。

第七条 评选机构及职责

（一）公司农电工优秀人才评审委员会办公室设在农电工作部，具体负责农电工优秀人才评选组织工作，指导各网、省公司农电工优秀人才评选工作。主任由农电工作部主要负责人担任，副主任由公司人力资源部负责人担任，成员由公司其他相关部门负责人组成。

（二）各网、省公司成立农电工优秀人才管理工作组，负责制定本单位农电工优秀人才评选和推荐实施细则。

第八条 管理机构和职责

（一）公司农电工作部负责组织农电工优秀人才遴选审定和管理工作，指导各网、省公司农电工优秀人才培养选拔、推荐和考核工作。

（二）公司人力资源部参与工作指导和对农电工优秀人才的评审、考核工作。

（三）公司财务资产部负责监督农电工优秀人才奖励津贴的资金管理，并督促实施。

（四）公司监察局负责农电工优秀人才评选的监督工作。

（五）各网、省公司负责本单位农电工优秀人才的培养、选拔、推荐和考核工作，接受公司指导和监督，配合公司总部做好农电工优秀人才管理工作。

第三章 评选范围

第九条 农电工优秀供电所管理人才为各网省公司县（市）供电企业从事供电所管理工作的农电工（见附件6-1）。

第十条 农电工优秀配电运检技能人才为各网省公司县（市）供电企业从事10kV及以下农网运行维护和检修工作的农电工（见附件6-1）。

第十一条　农电工优秀营销服务技能人才为各网省公司县（市）供电企业从事农村供电所营销服务工作的农电工（见附件6-1）。

第四章　评　选　条　件

第十二条　农电工优秀人才必须具备的基本条件：

（一）品德端正，职业素养高，遵纪守法，崇尚科学，廉洁自律，作风正派，具有强烈的事业心、责任感和团队精神。

（二）具有较强的语言文字表达能力、解决现场实际问题的能力、传授知识技能的能力和培养人才的能力。

（三）具有电力行业相关专业技术职称或高级工及以上职业资格（见附件6-2），从事本专业岗位工作满三年。

（四）具有较高的基础理论与专业知识、丰富的实践经验，了解主要相关专业理论知识，掌握有关技术标准规程，能够胜任本专业领域的各种任务，具有一定的创新和组织能力，在本专业领域有较高知名度。

（五）近三年内无直接责任事故或负主要责任的事故。

第十三条　除具备以上基本条件外，农电工优秀供电所管理人才还应具备下列条件：

（一）具有较高的现代企业管理、企业文化、组织管理、技术管理、经营管理等理论知识，具有丰富的管理经验、较强的组织协调能力与管理创新能力。

（二）能够预防或妥善处理影响企业稳定（形象、声誉）的突发事件或特殊问题，能继承发扬优良传统，创新工作，取得显著成效。

（三）还应具备下列条件之一：

（1）解决了本单位管理工作中的复杂问题，创新了管理方法，提升了管理水平，取得了显著效果。

（2）承担或主持过重大管理课题研究，获得省公司级及以上的成果奖，实施后成效显著。

（3）具有较高的技术理论知识，有创造性研究成果，并在核心科技期刊上发表过具有较高学术水平的论文，或正式出版过学术、技术专著。

（4）在管理方面提出重要的合理化建议，被省公司级及以上单位采纳，并取得显著成效。

（5）在供电所管理方面成效显著，本人组织领导的供电所被命名为国家电网公司标准化示范供电所等荣誉称号或被省部级以上单位评为先进单位。

（6）参加国家电网公司组织的知识技能竞赛，获得本专业岗位能手称号。

（7）参加省部级以上单位组织的技能竞赛获本专业个人综合成绩前三名。

第十四条 除具备基本条件外，农电工优秀配电运检技能人才还应具备下列条件之一：

（一）在本单位配网的生产运行、设备检修、技术创新、科技成果推广应用、技术改造革新等方面，能够解决复杂问题或关键技术（理论）难题，并取得显著经济效益。

（二）主持或作为主要成员参与配网重要技术课题研究，获得省公司级及以上科技成果奖，并取得显著经济效益或社会效益。

（三）改进配网检修、施工方法，提升工作效率，取得显著经济（社会）效益。

（四）在专业技术方面有创造性研究成果，并在核心科技期刊上发表过具有较高学术水平的论文，或正式出版过学术、技术专著。

（五）参加国家电网公司组织的知识技能竞赛或技术比武，获得本专业岗位能手称号。

（六）参加省部级以上单位组织的技能竞赛获个人综合成绩前三名。

第十五条 除具备基本条件外，农电工优秀营销服务技能人才还应具备下列条件之一：

（一）在本单位电力营销、技术革新、新技术推广应用等工作中，解决了关键问题，做出了突出贡献，并取得重要经济（社会）效益。

（二）在本专业（工种）工作中总结出先进可行的工作方法和经验，被省公司级及以上单位推广应用并取得显著效果。

（三）在工作实践中总结编写了技术标准等，被省公司级及以上单位采纳应用并取得显著效果。

（四）在技术改造革新和新技术推广应用中，做出了突出贡献，取得良好经济效益和社会效益。

（五）在生产实践中，提出了具有重要影响的合理化建议，被省公司级及以上单位采纳应用并产生显著效果。

（六）参加国家电网公司组织的知识技能竞赛或技术比武，获得本专业岗位能手称号。

（七）获得国家电网公司服务之星或农电之星等荣誉称号。

第十六条　工作业绩和能力特别突出者，可不受资历条件的限制，由所在单位破格逐级推荐参加农电工优秀人才评选。

第五章　评选程序

第十七条　组织部署。

公司下达农电工优秀人才评选通知，各网、省公司组织市、县供电企业按照通知要求组织评审、推荐工作。

第十八条　县（市）供电企业组织员工申报。应提供以下材料：

（一）申报表。即国家电网公司农电工优秀人才申报表（见附件 6 - 3），一式二份。

（二）一览表。即国家电网公司农电工优秀人才申报人员综合情况一览表（见附件 6 - 4），一式二十份。

（三）证明材料。能够反映个人的业绩贡献、技术水平和科技成果、荣誉称号获得情况的证明材料原件及复印件各一份。

（四）证书材料。学历（包括原始学历、后续学历）、职业技能资格证书的原件及复印件各一份。

（五）工作总结。能够反映本人管理、技术或技能水平的工作总结一篇（字数不少于 3000 字），一式二份。

（六）民主评议表。由县供电企业组织相关部门，对申报人员进行评议，并将评议结果填写到民主评议表（见附件 6 - 5）中。一式一份。

第十九条　市公司评议推荐。

各市公司召开农电工优秀人才评议推荐会议，对申报人员进行资格审查，对审查合格人员按业绩、能力和单位评议情况进行综合评价，按评价情况对推荐人选进行综合排序，确定推荐人选并填写国家电网公司农电工优秀人才申报人员汇总表（见附件 6 - 6）。各市公司在推荐申报工作中，要实施公示制度，公示期满无异议，将初评结果和推荐材料报送各网、省公司。

第二十条　网、省公司审查、上报。

（一）各网、省公司农电工优秀人才管理工作组根据人才专业类别划分要求，对申报材料进行资格审查、分类和汇总。

（二）组织专家初审。专家组审阅推荐材料，并对申报人员进行现场答辩（农电工优秀人才答辩程序见附件 6 - 7）。根据综合得分情况确定上报人的专业排名顺序。

（三）根据专业排序情况和拟评人才的数量，提出人才候选人推荐意见。并进行公示，公示期满无异议，将初评结果和推荐材料报送国家电网公司农电工优秀人才评审委员会办公室。

第二十一条　公司组织评定。

（一）组织专家审核。公司农电工优秀人才评审委员会办公室组织有关专家对各网、省公司推荐的候选人进行审核、评审，评审结果报公司农电工优秀人才评审委员会研究确定。

（二）公布评审结果。农电工优秀人才初评结果在国家电网报、国家电网公司网站等媒体公示，公示期为七天。公示期满，无异议，公司正式行文公布评审结果，并为农电工优秀人才颁发证书。

第六章　激励和管理

第二十二条　省（网）公司建立农电工优秀人才津贴制度，津贴纳入农电工工资总额管理，主要从农村电网维护管理费中列支。津贴标准为：每人 1000 元/月。津贴分两部分：50％随月薪发放，剩余部分津贴根据农电工优秀人才个人年度考核（见第二十九条）结果兑现。年度考核在 90 分及以上年度津贴全额发放；80～89 分按年度津贴的 80％发放；79 分及以下，不兑现剩余津贴。

第二十三条　农电工优秀人才评选实行动态管理，人才资格和相关待遇的有效期为三年，逾期自动取消。在同一评选周期内，优秀供电所管理人才、优秀配电运检技能人才和优秀营销服务技能人才不得兼报。

第二十四条　对同时参加其他组织举办的各种人才评选而获得津贴，只享受其中一个最高标准津贴。

第二十五条　各网、省公司通过建立健全下列工作制度，加强对农电工优秀人才的管理。

（一）宣传报道工作制度。通过各级报纸、网站等媒介，大力宣传农电工优秀人才的先进事迹和突出业绩，提高农电工优秀人才的知名度和美誉度。

（二）技术交流工作制度。定期组织召开农电工优秀人才沟通交流工作，内容包括工作经验交流、优秀论文演讲，管理经验、技术成果展示及技术绝招表演等，提高各类人才的业务技术水平。

（三）定期培训工作制度。根据生产实际和技术发展情况，定期安排农电工优秀人才参加新技术、新工艺培训等活动，使其及时掌握本专业发展动态，了解先进理念和技术，为专业创新和技术进步创造条件。农电工优秀人才每年脱产培训时间累计不少于两周。

（四）技艺传授工作制度。聘请农电工优秀人才作为专家参加专业技术资格评审、职业技能鉴定考评等活动，或为各网、省公司各类技术技能培训班进行授课，充分发挥农电工优秀人才传授技术、技艺的作用。在县供电企业推行农电工优秀人才帮带制度，促进本单位农电工队伍整体素质快速提升。

（五）技术攻关工作制度。针对各单位生产、经营、安全等方面存在的管理和技术难题，组织有关农电工优秀人才组成专家组进行集体攻关，充分发挥农电工优秀人才的骨干作用。

（六）调查研究工作制度。深入开展调查研究，了解农电工优秀人才作用的发挥情况，听取和征求各单位对公司农电工优秀人才管理工作的意见和建议，指导各单位对其人才管理工作中存在的问题提出整改意见和措施。

第二十六条　农电工优秀人才在其任职资格期限内，因工作需要跨专业调整其工作岗位的，应事先征得网、省公司同意并报公司总部备案，自调整次月起取消优秀人才津贴待遇，优秀人才资格可保留至届满为止。

第二十七条　各网、省、市、县公司应鼓励和支持农电工优秀人才参加上级单位组织的各类职业技能竞赛和人才评选活动。

第二十八条　各网、省、市、县公司应建立健全农电工优秀人才档案库，加强对农电工优秀人才相关信息和动态数据的收集和维护。

第七章　考　核

第二十九条　各网、省公司每年要对农电工优秀人才进行考核，考核采取定性与定量相结合的方式，于每年的十二月份进行。考核内容主要包括职业道德、管理、技术或技能水平、业绩成果、学习培训和传授技术经验等方面的情况。考核程序分为个人总结、所在单位鉴定、考核评定、结果反馈等步骤（见附件6-8）。

（一）个人总结。内容应包括年度工作目标完成情况，管理、技术水平状况分析，存在问题及整改措施，下一步工作计划及专业发展规划等。

（二）单位鉴定。就其思想状况、工作态度、业绩成果、发挥骨干作用和团队协作等方面的表现形成书面鉴定意见。

（三）考核评定。由单位人才考评组对优秀人才进行量化考核，考核结果分为优秀、良好、合格、不合格四个等级。采用百分制，90分及以上为优秀，80～89分为良好，60～79分为合格，60分以下为不合格。

（四）结果反馈。由所在单位将考核结果反馈给被考核者，以利于改进和提高。

（五）年度考核工作结束后，各单位要形成书面总结材料，连同优秀人才年度考核表，于次年元月二十日前报送公司农电工优秀人才评审委员会办公室审查备案。

第三十条　公司将对各网、省公司的年度考核情况进行不定期抽查考核。

第三十一条　有下列情况之一者，其人才资格和相关待遇随即取消：

（一）任期届满者。

（二）终止或解除劳动关系的。

（三）保持劳动关系但不在岗的。

（四）事故直接责任者。

（五）因违规违纪受到处分或被追究刑事责任的。

（六）年度考核不合格者。

（七）病（事）假等连续三个月以上，难以履行工作责任的。

（八）伪造、涂改证件或以其他不正当手段获取资格的。

第三十二条　在农电工优秀人才评审和考核管理过程中，若发现网、省公司申报材料审核不严或帮助申报人员提供假证明时，取消其单位本年度的推荐资格，并在系统内通报批评；若发现市、县供电企业弄虚作假，帮助申报人员提供假证明者，取消该市、县供电企业三年的推荐资格和申报人员五年申报资格，并在系统内通报批评；若发现评审人员在人才评审过程中，弄虚作假，不遵守评审程序和制度，永久取消评审人员评审资格，并在系统内通报批评。

　　第三十三条　获得农电工优秀人才资格后，发现弄虚作假或剽窃他人成果的，经查明属实，撤销其优秀人才资格，追回所发津贴，五年内不得申报。

第八章　附　　则

　　第三十四条　本办法由国家电网公司农电工作部负责解释。
　　第三十五条　本办法自颁布之日起实施。

附件 6-1

国家电网公司农电工优秀人才专业分类表

类别	专业	说　明
优秀管理人员	综合管理	主要指从事供电所管理工作的所长和副所长
	生产管理	主要指从事 10kV 及以下配电线路及设备运行维护、检修、故障排除、信息数据、技术资料、安全生产及供电质量等管理工作
	经营管理	主要指从事 10kV 及以下电力营销、经济活动分析、统计、线损、客户服务、信息数据、电能计量等管理工作
优秀配电运检高技能人才	农电工程	主要指从事 10kV 及以下线路建设、运行、维护、技术进步等工作
	供电技术	主要指从事 10kV 及以下线损管理、故障排除、信息数据、技术资料等工作
优秀营销服务高技能人才	农电工程	主要指从事 10kV 及以下售电抄表、电费核算与收缴、业扩报装、装表接电、咨询服务、用电检查、电能计量、信息数据、技术管理等工作
	客户服务	主要指从事营业窗口和 95598 系统等客户服务工作

注　视各网、省公司生产经营和环境条件的变化，可进一步细化完善选拔专业。

附件 6-2

电力行业相关专业工种名称及代码目录

序号	职业（工种）名称	代 码
1	配电线路工	11-047
2	用电监察员	11-061
3	抄表核算收费员	11-062
4	装表接电工	11-063
5	电能表修理工	11-064
6	电能表校验工	11-065
7	农网配电营业工	6-07-05-06
8	用户客户受理员	6-07-05-07

注 电力行业相关专业的技术职称主要指电力工程类的工程师或助理工程师及以上技术职称。

附件 6 - 3

申报类别：

国家电网公司
农电工优秀人才申报表

姓　　名：＿＿＿＿＿＿＿＿＿＿

单　　位：＿＿＿＿＿＿＿＿＿＿

岗　　位：＿＿＿＿＿＿＿＿＿＿

申报专业：＿＿＿＿＿＿＿＿＿＿

填表时间：　　年　　月　　日

国家电网公司制

填 表 说 明

一、在左上角方框内填写申报类别，指优秀管理人员、优秀配电运检高技能人才或优秀营销服务高技能人才。

二、使用计算机填写，仿宋字体，正反面打印（A4纸）。

三、填写时，如内容较多，可另加附页。

四、"职业资格"，指初级工、中级工、高级工、技师、高级技师。有专业技术职称的，也要填写专业技术职称。

五、"角色"，是指主持、专业负责、主要参加、参与。

六、"排名"，是指获奖证书上标明的排名顺序，若无排名顺序，则填写角色。

七、获奖"类别"，是指自然科学奖、发明奖、科技进步奖。

八、获奖"级别"，是指国家级、省部级、地市级等；"等级"是指特等奖、一等奖、二等奖、三等奖等。

九、"单位推荐意见"中，应重点对申报者本人的品德、业绩、能力、学识四个方面给予一个概括、准确的评价。

一、基本情况

姓　　名		性　　别		照片（两寸、彩色）
年　　龄		民　　族		
政治面貌		文化程度		
专　　业		职业资格或专业技术资格		
工　　龄		现岗位		
工作单位		联系电话		
通讯地址		邮政编码		

二、主要工作（或学习培训）经历

起止年月	工作单位	工作岗位	工作 （或学习培训情况）	证明人

三、主要业绩

起止年月	主要内容	本人角色	证明人或材料

四、成果、学术、荣誉

1. 经营管理或专业（技术）特长（必须填写）

2. 科技成果、技术革新、技术改造、科技成果转化、关键问题处理及获奖情况

时间	项目名称	类别	级别与等级	角色或排名	批准部门

3. 代表性学术成果（技术总结、论文、著作及重要技术报告，包括编写规程、著作等）

时间	题目	刊物名称（出版单位）	本人角色或排名

4. 参加技术比武或竞赛获奖情况

时间	竞赛内容	名次	主办单位或部门	授予称号

5. 获得荣誉称号

时间	荣誉称号	授予单位（或部门）

五、评选意见

县公司推荐意见	签字：　　　　　盖章 年　　月　　日
市公司审查意见	签字：　　　　　盖章 年　　月　　日
网省公司农电工优秀人才评审小组意见	签字：　　　　　盖章 年　　月　　日
公司核准	盖章 年　　月　　日
备注	

附件 6-4

国家电网公司农电工优秀人才申报人员综合情况一览表

单位名称：（公章）　　申报类别：　　上报时间：　　年　月　日

姓名		性别	年龄	文化程度	职业资格	工作单位	职务	专业年限	专业类别	单位排名
技术特长	公认水平							技术总结摘要		
	竞赛									
工作业绩	科技成果									
	学术成果									
	突出贡献									
	传授技艺									
	荣誉称号									

注 请用 A3 纸横向打印，不要分页，一式二十份。以下填报说明不必打印。

填 报 说 明

　　职业资格：也包括专业技术资格和职业技术资格，如高级工程（经济、会计、审计、政工……）师，工程（经济、会计、审计、政工……）师，助理工程（经济、会计、审计、政工……）师等；或高级技师、技师、高级工等。

　　单位排名：指所在单位的推荐排名，由各网、省公司填写。

　　公认水平：指本人已获得的由上级单位授予的专家人才资格或称号。如享受国务院特殊津贴专家、全国技术能手、国家电网公司优秀专家人才、各网省公司首席技师、各网省公司专家库成员等等。填写时，要由高层次向低层次顺序填写，并写明授予时间。

　　技能竞赛：分为国家（全国电力行业）级、省部（国网公司）级、区域网公司级、各网省公司（地市）级和本单位等五个层次。填写时，要由高层次向低层次顺序填写，并注明竞赛名称、获奖名次（个人及团体）及时间。

科技成果：填写本人所获科技进步奖的项目名称、等级、排名（或角色）及时间。等级分为国家级、省（国网公司）级和地市（各网省公司）级三级。一般每级分为特等奖、一等奖、二等奖、三等奖。角色指主持、主要参与、参与。填写时由高层次向低层次顺序填写。QC 成果可作为科技成果填报。

学术成果：填写本人所发表的论文（著作、规范、标准、教材）题目、刊物（出版社）名称、级别、排名或角色、发表时间，由高层次向层次低顺序填写。刊物级别通常分为国家级、省级。国家级刊物，一般指党中央、国务院及所属各部门、中国科学院、中国社会科学院、各民主党派和全国性人民团体主办的期刊及国家一级专业学会的会刊，刊物上明确标有"全国性期刊"、"核心期刊"等字样的，也可视为国家级；省级期刊，一般即指省、自治区、直辖市及所属部、委、办、厅、局主办的期刊及本科院校的学报。著作角色，指主编、副主编、参编、主审；论文排名，指独立发表或"本人排名/作者总数"。

突出贡献：指本人解决企业关键技术、操作难题，或参加制定企业发展规划、重大技改方案，或提出合理化建议并被采纳的情况。填写时，要简明扼要，并写明本人角色和完成时间。

传授技艺：填写本人何年、何月作为专家、评委（裁判）、教师、考评员，参加各网、省公司及以上组织的学术交流、授课、技能培训、专业技术资格评审、职业技能鉴定考评等活动。

荣誉称号：指本人所获的除优秀人才（专家人才）资格以外的各类荣誉称号，如劳动模范、先进工作者、优秀党员等。由高层次向低层次顺序填写，并写明授予单位（部门）、授予时间。

技术总结摘要：填写本人参与技术革新、技术改造、科技成果转化、关键问题处理等情况。

附件 6-5

国家电网公司农电工优秀人才民主评议表

单位：（县供电企业）

姓　　名		职务（岗位）		申报类别	
评议时间			参评人数		
评议形式			评议结果		
民主评议 情况					
县供电企业 农电工管理 部门意见				单位盖章 年　月　日	
县供电企业 意　　见				单位盖章 年　月　日	

附件 6 - 6

国家电网公司农电工优秀人才申报人员汇总表

单位名称：（公章）

申报类别：　　　　　　　　　　　　　　　　　　　　上报时间：　　　　年　　　月　　　日

排序	姓名	年龄	性别	工作单位	岗位	从事本岗位工作时间（年月）	学历	职业资格	专业分类	初审意见	评审委意见	公司意见

备注：1. 最后三项内容由各网省网公司评审管理办公室负责填写。

　　　2. 上报时用 A4 纸横向打印此表。

附件 6 - 7

国家电网公司农电工优秀人才答辩程序

一、答辩程序

（一）初审会议之前，先组织专家审阅申报人员的论文、技术或管理总结，依据论文、管理或技术总结的内容，确定 3～5 条答辩题目。

（二）召开初审会议，在按专业分组审阅申报材料的基础上，组织进行答辩。具体程序如下：

1. 申报人抽取答辩序号，排定答辩顺序。

2. 申报人员结合论文、管理或技术总结，对能力、特长、业绩进行简要介绍，限时 5 分钟。

3. 专家组围绕答辩题目进行现场提问，时间不超过 15 分钟。

4. 评委根据申报人答辩，结合审阅材料进行打分。

5. 工作人员计算申报人员综合得分（计算时要去掉一个最高分和一个最低分），并现场公布得分情况。

（三）根据申报人综合得分情况，按专业排出先后顺序，确定初审名次。

二、为保证人才评选工作的公平、公正，要求申报人员必须进行答辩。对无故不参加答辩的，取消参评资格。

附件 6 - 8

国家电网公司
年度农电工优秀人才考核表

工作单位：_____

姓　　名：_____

工作岗位：_____

人才类别：_____

一、个人工作总结

姓　名		所在部门	
岗　位		人才类别	

（可另加附页）

二、鉴定意见

县公司鉴定意见：

部门主管签字：

盖　章

年　月　日

市公司鉴定意见：

部门主管签字：

盖　章

年　月　日

网、省公司鉴定意见：

部门主管签字：

盖　章

年　月　日

三、网省公司考评委员会考核

考核内容	标 准 要 求	分值	实得分
职业道德	劳动纪律（2分）、工作态度（2分）、服务意识（2分）、协作配合（2分）、责任意识（2分）	10	
工作业绩	管理、技术或技能水平（5分）、解决实际问题的能力（5分）、安全生产（5分）、完成本职工作情况（5分）	20	
论文、管理或技术总结	1. 每年至少一篇论文或技术总结（10分）；论文的理论水平或实用价值、公开发表情况、发表刊物的等级等（10分）。 2. 没有论文或总结的，此项不得分	20	
项目或课题攻关	1. 必须参加项目或课题（10分）；课题的重要程度、本人的角色和完成工作情况、所取得的技术和经济效益等（10分）。 2. 没有参加项目或课题的，此项不得分	20	
传授技术和技艺（首席工程师或首席技师填此栏）	1. 必须带徒（5分）；不带徒的不得分。 2. 作为专家参加培训班授课、职业技能考评、职称评审等活动情况（5分）	10	
参加培授课或各项评审等情况（优秀管理人才填此栏）	作为专家参加培训班授课、职业技能考评、职称评审等活动情况（10分）	10	
管理、技术或技能培训	1. 参加管理、技术或技能培训情况（5分）。 2. 培训时间、学习态度、效果（5分）	10	
合　　计		100	
网、省公司意见	该同志考核等级为 　　　　　　　考评委员会（盖章） 　　　　　　　年　月　日		

附件 6-9

国家电网公司农电工优秀人才评选流程图

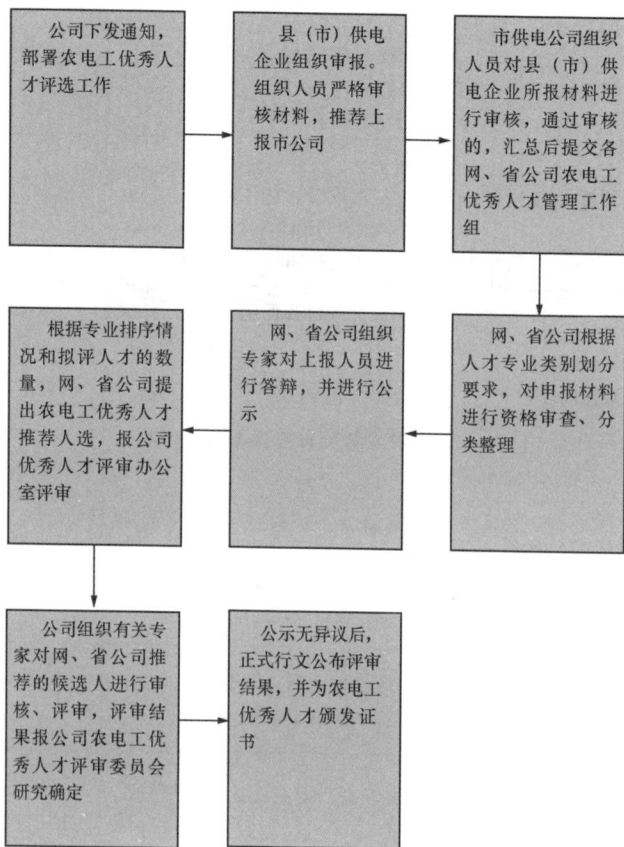

```
┌─────────────────┐      ┌─────────────────┐      ┌─────────────────┐
│公司下发通知，    │      │县（市）供电      │      │市供电公司组织    │
│部署农电工优秀人  │ ───► │企业组织审报。    │ ───► │人员对县（市）供  │
│才评选工作        │      │组织人员严格审    │      │电企业所报材料进  │
│                  │      │核材料，推荐上    │      │行审核，通过审核  │
│                  │      │报市公司          │      │的，汇总后提交各  │
│                  │      │                  │      │网、省公司农电工  │
│                  │      │                  │      │优秀人才管理工作  │
│                  │      │                  │      │组                │
└─────────────────┘      └─────────────────┘      └─────────────────┘
                                                            │
                                                            ▼
┌─────────────────┐      ┌─────────────────┐      ┌─────────────────┐
│根据专业排序情    │      │网、省公司组织    │      │网、省公司根据    │
│况和拟评人才的数  │ ◄─── │专家对上报人员进  │ ◄─── │人才专业类别划分  │
│量，网、省公司提  │      │行答辩，并进行公  │      │要求，对申报材料  │
│出农电工优秀人才  │      │示                │      │进行资格审查、分  │
│推荐人选，报公司  │      │                  │      │类整理            │
│优秀人才评审办公  │      │                  │      │                  │
│室评审            │      │                  │      │                  │
└─────────────────┘      └─────────────────┘      └─────────────────┘
        │
        ▼
┌─────────────────┐      ┌─────────────────┐
│公司组织有关专    │      │公示无异议后，    │
│家对网、省公司推  │ ───► │正式行文公布评审  │
│荐的候选人进行审  │      │结果，并为农电工  │
│核、评审，评审结  │      │优秀人才颁发证    │
│果报公司农电工优  │      │书                │
│秀人才评审委员会  │      │                  │
│研究确定          │      │                  │
└─────────────────┘      └─────────────────┘
```

188

附录7 标准化作业（低压）指导书

低压计量装置安装及调换作业分册

1. 范围

本手册规定了低压电能表安装的工作程序及步骤等内容。

本手册适用农村低压电能表安装、调换等工作。

2. 工作步骤

2.1 工作负责人宣读工作票及安全措施，并由工作人员签名。

2.2 核对计量工作凭证无误后，用试电笔测量配电箱（柜）是否处于停电状态，并保证两人一人工作，一人监护。

2.3 如果带电，则应先停电。

2.3.1 拉开用户侧配电箱（柜）上的低压刀闸。

2.3.2 拉开用户高压侧隔离丝具或刀闸。

2.4 用试电笔对配电箱（柜）再次验电，保证设备处于不带电状态下开始工作。

2.4.1 按规程要求及工艺标准安装互感器，固定牢靠并方便连接二次线。

2.4.2 固定好互感器后开始连接二次线，电压线用 $2.5mm^2$ 单股铜塑线连接，从左向右分黄、绿、红三色线，电流线用 $2.5mm^2$ 或 $4mm^2$ 单股铜塑线连接，从左向右分黄、绿、红三色线，中性线用黑色 $2.5mm^2$ 单股铜塑线连接，严格按规程要求及工艺标准施工。

2.4.3 所有压线螺丝务必用合适的工具压紧，用手适度晃动不能出现线头脱落现象。

2.4.4 用尼龙扎头将所有铜塑线整齐扎好，并根据装表位置留出合适长度剪断。

2.4.5 将电能表接线端子螺丝拧松，挂在预留好的装表位置，将电能表固定牢固，倾斜度符合规程要求。

2.4.6 将从互感器连接过来的二次线从左向右按黄、绿、红、黑依次接入电能表，所有压线螺丝务必压紧，用手适度拉、拔不能出现线头脱落及裸露现象。

2.4.7 认真检查所有接线，确认无误后盖好接线盒盖。

2.5 送电工作

2.5.1 推合用户高压侧隔离丝具或刀闸。

2.5.2 推合用户低压侧开关或刀闸。

2.6 检查

2.6.1 用试电笔测量低压配电箱（柜）是否已带电，如未带电应仔细检查接线，找出差错及时处理。

2.6.2 在未带负荷情况下测量电压、相序，检查电能表有无潜动现象。如相序反，再次拉开用户低压侧开关、高压侧隔离丝具，并由工作负责人布置采取安全措施，交代注意事项和危险点后掉换相序。

2.6.3 投入实际负荷，检查电能表转动方向是否正确，速度是否正常。

2.7 结束工作

2.7.1 对计量设备及计量箱加装铅封，并填写计量工作凭证。

2.7.2 向用户说明电能计量装置已安装完毕，并由用户确认铅封完好无缺损。

2.7.3 如用户无其他问题，请用户在工作凭证上签名，清理工作现场，整理所带物品装车返回单位。

2.7.4 按期将计量工作凭证交回资产管理员和营业员后结束工作。

3. 安全注意事项

3.1 外出工作严格按照规定整齐着装、佩戴证件。

3.2 严格执行工作"双控"制度，认真填写、办理各种审批手续。

3.3　认真执行《电业安全工作规程》，停、送电时严格执行各项安全措施。

3.4　工作现场认真落实危险点预控措施。

4. 质量记录

本标准涉及的质量记录名称、保管场所、保存期限、处置方法见附表 7-1。

附表 7-1　　　　　　　　质量记录一览表

序号	记　录　名　称	保管场所	保存期限	处置方法
1	低压不带电安装计量装置作业卡	班组	1 年	销毁
2	低压不带电调换计量装置作业卡	班组	1 年	销毁
3	低压计量装置故障处理作业卡	班组	1 年	销毁

低压不带电安装计量装置作业卡

工作单位：_____   工作日期：_____年___月___日

工作地点：_____   作业卡审批人：_____

序号	操作项目	危险点	预控措施	执行情况
1	按接电方案核对电能计量装置规格型号、是否检验，附件完备			
2	根据计量箱（柜、盘）结构情况确定位置并安装			
3	正确连接回路接线			
4	检查回路接线正确无误，接点良好			
5	检查并清理工作现场			
6	带电测试检查（若相序反，停电调相序）	防止触电	1. 工作人员应站在绝缘垫上或干燥的木凳上工作。 2. 检查测试时要确保人体与带电体的安全距离。 3. 检查时应设专人监护	
7	抄录数据，填证			
8	铅封接线盒，用户签名			
9	清理工作现场，工作结束			

动态危险点：	控制措施：

小组负责人签名：_____

工作班成员签名：_____

低压不带电调换计量装置作业卡

工作单位：_____　　工作日期：_____年___月___日

工作地点：_____　　作业卡审批人：_____

序号	操作项目	危险点	预控措施	执行情况
1	核对资料，外观检查铅封和接线，抄录数据			
2	拆除接线，做好标记			
3	更换电能计量装置			
4	按照新悬挂计量装置接线图正确接线			
5	复查接线、检查清理工作现场			
6	带电检查	防止触电	1. 工作人员应站在绝缘垫上或干燥的木凳上工作。2. 检查测试时要确保人体与带电体的安全距离。3. 检查时应设专人监护	
7	抄录数据，填写凭证			
8	铅封接线盒，客户签名			
9	清理工作现场结束工作			

动态危险点：　　　　　　　控制措施：

小组负责人签名：_____

工作班成员签名：_____

低压计量装置故障处理作业卡

工作单位：＿＿＿＿＿＿＿＿　工作日期：＿＿＿年＿＿月＿＿日

工作地点：＿＿＿＿＿＿＿＿　作业卡审批人：＿＿＿＿＿＿＿＿

序号	操 作 项 目	危险点	预 控 措 施	执行情况
1	核对资料，抄录数据			
2	现场检查故障计量装置外观，初步分析故障原因，抄录故障设备资料，填写"故障检查分析记录"			
3	停电对电能表、互感器及二次回路检查，确认故障点			
4	查阅相关资料，记录故障时运行基本情况，并核实故障原因，确定处理办法			
5	更换故障电能计量装置			
6	检查接线，清理工作现场			
7	带电测试检查	防止触电	1. 工作人员应站在绝缘垫上或干燥的木凳上工作。 2. 检查测试时要确保人体与带电体的安全距离。 3. 检查时应设专人监护	
8	填写工作凭证，表计铅封，交代客户应注意事项，客户签名			
9	清理工作现场、结束工作			
动态危险点：		控制措施：		

小组负责人签名：＿＿＿＿＿＿＿＿

工作班成员签名：＿＿＿＿＿＿＿＿＿＿＿＿

0.4kV 线路金具、绝缘子及拉线安装与更换作业分册

1 范围

本标准规定了 0.4kV 线路金具、绝缘子及拉线安装的规范化作业程序、要求、作业卡的管理与考核等内容。

适用于 0.4kV 配电线路金具、绝缘子及拉线安装（更换）的施工作业。

2 铁横担安装

2.1 配电线路选用的金具，安全系数不应小于 2.5。

2.2 金具的机械强度应符合设计要求，并无严重锈蚀、变形。铁横担歪斜度不应大于长度的 15/1000。

2.3 横担的最小截面不应小于：高压横担角钢 L63×63×6；低压横担角钢 L50×50×5。

2.4 横担安装应平直，上下歪斜或左右（前后）扭斜的最大偏差应不大于横担长度的 1/100。

2.5 单横担在电杆上的安装位置一般在线路编号的大号侧（受电侧），承力杆单横担装在张力的反侧。直线杆、终端杆横担与线路方向垂直，30°及以下转角杆横担应与角平分线方向一直。上层横担准线与水泥杆顶的距离为 200mm（水平排列）。

2.6 横担安装形式的选择应符合下列规定：

2.6.1 转角杆耐张杆及终端杆的横担，请按相关规程、规定执行。

2.6.2 架空电力线路跨越铁路，一、二级公路，电车路，一、二级通信线路，特殊管道，索道以及 0.4kV 及以上架空线路时，根据具体情况采用耐张型或轻型承力杆固定方式。

2.7 螺栓、销钉的穿入方向应符合下列规定：

2.7.1 水平安装的螺丝：横线路时由左向右穿（面向大号）；顺线路时，由小号侧向大号侧穿（耐张杆的单横担固定螺

丝由电杆向横担穿入）。

2.7.2 销钉的穿入方向：两边线由外向内穿，中线自左向右穿（面向大号侧）。

2.7.3 垂直安装的螺丝由下向上穿；销钉由上向下穿。

2.8 螺杆应与构件面垂直，螺头平面与构件间不应有空隙。螺栓紧好后，螺丝口的露出长度：单帽不应少于三扣，双帽可平扣，螺帽上紧后应采取封帽措施。

2.9 同杆架设线路横担之间的最小垂直距离（mm）、同杆架设多回线路横担间的最小垂直距离按相关规程、规定执行。

3 绝缘子的安装

3.1 铁横担线路应选用高一等级的绝缘子，绝缘子泄漏距离还应符合相关的规定。

3.2 绝缘子瓷裙应无裂纹、缺口、击穿、瓷釉烧坏、污垢；机械破损面积不超过 $1cm^2$。铁件无弯曲、歪斜、严重锈蚀浇装水泥无裂缝。

3.3 用 2500V 绝缘电阻表测量绝缘电阻，其值不应低于 $300M\Omega$。

3.4 直线杆采用针式绝缘子，耐张杆宜采用一个 X‑4.5 悬式绝缘子和一个 E‑10 型蝶式绝缘子或两个 X‑4.5 悬式绝缘子组成的绝缘子串。0.4kV 线路：直线杆一般采用低压针式绝缘子，耐张杆应采用低压蝶式绝缘子，$70mm^2$ 以上的大截面导线，宜采用悬式绝缘子。

3.5 绝缘子的组装应防止瓷裙积水，针式绝缘子安装时须加弹簧垫。

3.6 在绝缘子上固定导线应使用与导线同种金属的绑线，铜绑线使用前应退火处理。

3.7 导线在绝缘子上应绑扎牢固。裸铝绞线与绝缘子的接触部分应缠绕铝包带，缠绕长度应超出绑扎部分 30mm。

3.8 直线杆导线应固定在绝缘子顶部槽内。

4　拉线安装

4.1　根据电杆的受力情况及地形、地貌等具体条件确定拉线的形式。拉线应用镀锌钢绞线制作。拉线截面应根据使用拉力决定，但拉线最小截面不应小于 $25mm^2$。

4.2　拉线底把应采用热镀锌拉线棒，按使用拉力选取。安全系数不小于 3，最小直径不应小于 16mm。

4.3　拉线盘的埋深和方向，应符合设计要求，拉线棒与拉线盘应垂直，连接处应采用双螺母，其外露地面部分的长度应为 $500\sim700mm$。

4.4　拉线坑应有斜坡，回填土时应将土块打碎后夯实。拉线坑宜设防沉层。

4.5　拉线安装有关规定

4.5.1　安装后对地平面夹角与设计值的允许偏差，应符合下列规定：

a）0.4kV 及以下架空电力线路不应大于 $3°$；

b）特殊地段应符合设计要求。

4.5.2　承力拉线应与线路方向的中心线对正；分角拉线应与线路分角线方向对正；防风拉线应与线路方向垂直。

4.5.3　跨越道路的拉线，应满足设计要求，且对通车路面边缘的垂直距离不应小于 5m。

4.5.4　当采用 UT 型线夹、楔型线夹固定安装、绑扎固定安装及拉线柱拉线安装时，应符合有关规定。

4.5.5　当一基电杆上装设多条拉线时，各条拉线的受力应一致。

4.5.6　混凝土电杆的拉线当装设绝缘子时，在断拉线情况下，拉线绝缘子距地面不应小于 2.5m。

4.6　安全注意事项

4.6.1　拉线制作好后，耐张杆应向张力反侧倾斜，转角杆应向外角侧倾斜。

4.6.2　更换拉线时应先安装新拉线，并检查拉线承力情况无问题后方可拆除原拉线。

5 质量记录

本标准涉及的质量记录的名称、保管场所、保存期限、处置方法见附表 7 - 2。

附表 7 - 2　　　　　　质量记录一览表

序号	记 录 名 称	保管场所	保存期限	处置方法
1	0.4kV 线路金具、绝缘子安装（更换）作业卡	班组	1 年	销毁
2	0.4kV 线路拉线安装作业卡	班组	1 年	销毁
3	0.4kV 线路拉线更换作业卡	班组	1 年	销毁

0.4kV 线路金具、绝缘子安装（更换）作业卡

工作单位：＿＿＿＿＿＿＿＿　工作日期：＿＿＿年＿＿月＿＿日

施工地点：＿＿＿＿＿＿＿＿　作业卡审批人：＿＿＿＿＿＿＿＿

序号	作业项目内容	危险点	预控措施	执行情况
1	核对线路名称、杆号，检查电杆及拉线			
2	检查工器具材料是否齐备完好			
3	制作临时拉线	钢绞线扎伤人	工作人员必须戴手套、穿长袖衣服	
4	登杆安装临时拉线	高空坠落	登杆时对脚扣、安全带做冲击试验，系好并检查安全带、延长绳的扣环是否扣牢	
5	登上安装（更换）金具绝缘子的电杆			
6	上传紧线工具，并固定在铁担上	落物伤人跑线伤人	1. 杆上作业时，杆下禁止人员逗留。 2. 紧线时，禁止人员跨在导线上和站在导线内角侧内。 3. 杆上传递工器具、材料必须使用绳索，禁止抛投。 4. 杆上工作人员使用工器具时，用力要均匀，防止突然滑落	
7	用紧线工具稳固导线，并拆除扎线			
8	落下导线			
9	下传紧线工具			
10	拆除金具及绝缘子并落下			
11	上传金具及绝缘子并安装			
12	上传紧线工具并固定在铁担上			
13	上传导线			
14	收紧导线			
15	绑扎导线并松下紧线钳			
16	清理杆上工器具并做检查			

续表

序号	作业项目内容	危险点	预控措施	执行情况
17	拆除临时拉线	高空坠落	上杆后，必须检查安全带、延长绳的扣环是否扣牢	
18	清理工作现场，工作结束			

动态危险点：　　　　　　　　　　控制措施：

小组负责人签名：＿＿＿＿＿＿＿＿

工作班成员签名：＿＿＿＿＿＿＿＿＿＿＿＿

0.4kV 线路拉线安装作业卡

工作单位：＿＿＿＿＿＿＿＿　工作日期：＿＿＿年＿＿月＿＿日

工作地点：＿＿＿＿＿＿＿＿　作业卡审批人：＿＿＿＿＿＿＿＿＿

序号	作业项目内容	危险点	预控措施	执行情况（√）
1	检查施工用工器具、材料及登高工具是否良好			
2	核对线路名称及杆号，检查杆根是否牢固			
3	制作拉线	钢绞线扎伤人、工器具伤人	制作拉线时工作人员必须戴手套，穿长袖衣服，至少由两人进行，一人扶住钢绞线，另一人制作。制作时拿好钳子，防止突然滑落伤人	
4	检查拉线坑是否符合要求			
5	检查拉线地锚埋设是否符合要求			
6	登杆并选好工作位置	高空坠落	1. 上杆前对脚扣、安全带做承力试验。 2. 上杆前必须使用安全带，系好并检查安全带、延长绳的扣环是否牢固。 3. 杆上作业需转位时，不得失去安全带的保护。 4. 在交通路口或繁华地段工作必须设置围栏	

序号	作业项目内容	危险点	预控措施	执行情况（√）
7	安装包箍、拉线上把	物体打击伤人	1. 杆上工器具及材料必须用小绳传递，禁止抛投 2. 杆上工作人员拿好工器具，紧固螺丝时均力进行，防止扳手滑落掉下伤人	
8	制作并连接拉线下把			
9	调整花篮螺丝（UT线夹）	倒杆伤人	拉线安装好后，调整花篮螺丝（UT线夹）时，注意电杆倾斜度，杆梢倾斜度不得超过杆梢直径	
10	检查拉线的安装是否符合施工和运行要求。（复诵）			
11	封堵拉线下把			
12	清理工作现场，结束工作			

动态危险点：　　　　　　　　　　预控措施：

小组负责人签名：_____

工作班成员签名：_____

202

0.4kV 线路拉线更换作业卡

工作单位：_____　　工作日期：_____年___月___日

工作地点：_____　　作业卡审批人：_____

序号	作业项目内容	危险点	预控措施	执行情况（√）
1	检查施工用工器具、材料及登高工具是否良好			
2	核对线路名称及杆号，检查杆根是否牢固			
3	制作拉线	钢绞线扎伤人、工器具伤人	制作拉线时工作人员必须戴手套，穿长袖衣服，至少由两人进行，一人扶住钢绞线，另一人制作。制作时拿好钳子，防止突然滑落伤人	
4	检查拉线坑是否符合要求			
5	检查拉线地锚埋设是否符合要求			
6	登杆并选好工作位置	高空坠落	1. 上杆前对脚扣、安全带做承力试验。2. 上杆前必须使用安全带，系好并检查安全带、延长绳的扣环是否牢固。3. 杆上作业需转位时，不得失去安全带的保护。4. 在交通路口或繁华地段工作必须设置围栏	

序号	作业项目内容	危险点	预控措施	执行情况（√）
7	安装拉线包箍、拉线上把	物体打击伤人	1. 杆上工器具及材料必须用小绳传递，禁止抛投。 2. 杆上工作人员拿好工器具，紧固螺丝时均力进行，防止扳手滑落掉下伤人	
8	连接拉线下把			
9	调整花篮螺丝（UT线夹）	倒杆伤人	拉线安装好后，调整花篮螺丝（UT线夹）时，注意电杆倾斜度，杆梢倾斜度不得超过杆梢直径	
10	检查拉线的安装是否符合施工和运行要求。（复诵）			
11	拆除原拉线下把	高空坠落	1. 检查工器具是否完好，对脚扣、安全带做承力试验。 2. 上杆前必须使用安全带，系好安全带、延长绳后还应检查扣环是否牢固	
12	拆除原拉线上把及拉线包箍			
13	封堵拉线下把			
14	清理工作现场，结束工作			

动态危险点：　　　　　　　　　　　　预控措施：

小组负责人签名：＿＿＿＿＿＿＿＿

工作班成员签名：＿＿＿＿＿＿＿＿＿＿＿＿＿＿

0.4kV 临时用电安装与拆除作业分册

1　范围

本标准规定了 0.4kV 临时用电安装、拆除的规范化作业程序、要求、作业卡的管理与考核等内容。

适用于 0.4kV 临时用电安装、拆除的现场施工作业。

2　临时用电有关规定

2.1　《供电营业规则》第十二条对临时用电规定如下：

2.1.1　对基建工地、农田水利、市政建设等非永久性用电，可供给临时电源。临时用电期限除经供电企业准许外，一般不超过六个月，逾期不办理延期或永久性正式用电手续的，供电企业应终止供电。

2.1.2　使用临时电源的用户不得向外转供电，也不得转让给其他用户，供电企业也不受理其变更事宜。如需改为正式用电，应按新装办理。

2.1.3　因抢险救灾需要紧急供电时，供电企业应迅速组织力量，架设临时电源供电。架设临时电源所需的工程费用和应付的电费，由地方人民政府有关部门负责从救灾经费中拨付。

2.1.4　《农村安全用电规程》第 5.4 条规定：临时用电期间，用户应设专人看管临时用电设施，用完及时拆除。

2.2　《农村低压电力技术规程》对临时用电架空线路应满足以下要求：

2.2.1　应采用耐气候型绝缘电线，最小截面为 6mm²。

2.2.2　电线对地距离不低于 3m。

2.2.3　档距不超过 25m。

2.2.4　电线固定在绝缘子上，线间距离不小于 200mm。

2.2.5　如采用木杆，梢径不小于 70mm。

2.3　临时用电应装设配电箱，配电箱内应配装控制保护电器，剩余电流动作保护器和计量装置。配电箱外壳的防护等级应

205

按周围环境确定，防触电类别可为 1 类或 2 类。

2.4 如临时用电线路超过 50m 或有多处用电点时，应分别在电源处设置总电源箱，在用电点设置分配电箱，总、分配电箱内应装设剩余漏电保护器。

2.5 配电箱高度为 1.3～1.5m。

2.6 临时线路不应跨越铁路、公路和一、二级通信线路，如需跨越时必须满足《农村低压电力技术规程》标准 6.7.4 及 6.7.5 的规定。

2.7 架空线路的安全要求

2.7.1 架空线必须采用绝缘导线。

2.7.2 架空线路必须架在专用的电杆上，严禁架在树木、脚手架上；根据导线截面与机械强度一般控制在不大于 20m；导线与导线间距不得小于 300mm；横担间最小垂直距离不得小于高压与低压直线杆 1.2m、分支或转角杆 1.0m，低压与低压直线杆 0.6m、分支或转角杆 0.3m 的数值；木横担应为 80mm×80mm、铁横担应根据导线截面、直线杆角钢横担 L50×5；铁（木）横担长度应二线为 0.7m，三线、四线为 1.5m，五线为 1.8m 的规定。架空线的弧垂规定最大弧垂与地面的垂直距离在现场为 4m，机动车道为 6m，铁路轨道为 7.5m。同杆架设下方的广播线路通信线路最小垂直距离为 1.0m。与邻近线路 1kV 以下 1.2m，1～10kV 为 2.5m。

2.7.3 架空线路绝缘子耐张杆应采用蝶式绝缘子，终端杆也采用蝶式绝缘子，其型号为：ED-4、ED-3、ED-2、ED-1。4 号一般用在支架上 6mm² 以下的小线上。木横担采用直脚针式绝缘子 PD-1m、PD-2m，其铁脚长，可穿过木横担用螺母拧紧。

2.7.4 线路的终端杆、转角杆和分支杆必须打拉线，拉线必须在架设导线之前打好。拉线宜采用镀锌钢丝，其截面直径不得小于 4mm×3 股。拉线与电杆的夹角在 30'～45' 之间，拉线埋深不得小于 3m。钢筋混凝土杆上的拉线应在高于地面 2.5m 处装设拉紧（拉线）绝缘子。因受地形限制不能装设拉线时，可用撑杆代替拉线，撑杆埋深不得小于 0.8m，其底部应垫底盘或石块，撑杆与主杆的夹角宜为 30°。

2.7.5　接户线的架空敷设（沿墙敷设）长度为 $10\sim25m$ 最小截面应采用铜线 $4mm^2$、铝线 $6mm^2$；接户线线间架空敷设档距在小于或等于 25m 时，线路间的距离为 150mm，大于 25m 时线路间的距离为 200mm；接户线线间沿墙敷设档距在小于或等于 6m 时，线路间的距离为 100mm，大于 6m 时线路间的距离为 150mm；架空接户线与广播、电话线交叉接户线在其上部线间距离为 600mm，接户线在其下部线间距离为 300mm；架空和沿墙敷设的接户线中性线和相线交叉线间距离为 100mm；接户线在两端支持点之间不得有接头，进线处离地高度不得小于 2.5m。

2.7.6　导线在针式绝缘子上固定方法如下：有顶槽的针式绝缘子宜放在顶槽内，无顶槽的针式绝缘子将导线放在靠电杆侧的颈槽内绑扎；转角杆的针式绝缘子将导线置于转角外侧的颈槽内。

2.7.7　导线在蝶式绝缘子上固定时，一般导线在蝶式绝缘子上的套环长度从蝶式绝缘子中心算起，导线在 $35mm^2$ 及以下时，不小于 200mm；$50mm^2$ 及以上时，不小于 300mm。绑扎线的长度一般为 $150\sim200mm$。

2.7.8　导线如有损伤应锯断重接。如导线呈灯笼状，直径超过 1.5 倍的导线直径时就应锯断重接，然后进行绝缘包扎。

3　安全注意事项

3.1　严格执行工作受控管理规定，外出工作严格按照规定整齐着装，佩戴证件。

3.2　认真执行《电力安全工作规程》，停、送电时严格执行各项安全措施。

3.3　工作现场切实落实现场工作危险点及预控措施。

4　质量记录

本标准涉及的质量记录的名称、保管场所、保存期限、处置方法见附表 7-3。

附表 7-3　　　　　　质量记录一览表

序号	记 录 名 称	保管场所	保存期限	处置方法
1	0.4kV 临时用电安装作业卡	班组	1 年	销毁
2	0.4kV 临时用电拆除作业卡	班组	1 年	销毁

0.4kV 临时用电安装作业卡

工作单位：_____　　工作日期：_____年___月___日

施工地点：_____　　作业卡审批人：_____

序号	作业项目内容	危险点	预控措施	执行情况
1	现场准备，设置警示围栏			
2	检查杆根是否完好，有无裂纹			
3	检查工器具、材料、电能表是否齐备、完好、合格			
4	检查客户电气线路、设备接线是否符合要求			
5	安装保护器、配电箱（隔离开关）			
6	登杆（梯子）上传材料	高空坠落 触电 落物伤人	1. 登杆时对脚扣、安全带做冲击试验，系好安全带、延长绳后应检查扣环是否扣牢。 2. 与带电线路保持足够的安全距离。 3. 杆上作业时，杆下禁止人员逗留。 4. 杆上传递工器具、材料必须使用绳索，禁止抛投。 5. 使用竹梯时要有专人扶梯	
7	上传电能表			
8	安装固定电能表，并接好出线			
9	分清相线			
10	先搭接电源线			
11	再搭接相线电源线			
12	检查电能表运转情况，并抄录电能表底数及参数			
13	检查安装设施及客户电气线路、设备运行是否良好			

续表

序号	作业项目内容	危险点	预控措施	执行情况
14	给客户交代供电情况及安全注意事项			
15	清理工作现场，工作结束			
动态危险点：			控制措施：	

小组负责人签名：＿＿＿＿＿＿＿＿

工作班成员签名：＿＿＿＿＿＿＿＿＿＿＿＿＿＿＿＿

0.4kV临时用电拆除作业卡

工作单位：_____　　工作日期：____年____月____日

施工地点：_____　　作业卡审批人：_____

序号	作业项目内容	危险点	预控措施	执行情况
1	现场准备，设置警示围栏			
2	检查杆根是否完好，有无裂纹			
3	检查工器具是否齐备、完好、合格			
4	登杆前先分清相线	高空坠落 触电 落物伤人	1. 登杆时对脚扣、安全带做冲击试验，系好安全带、延长绳后应检查扣环是否扣牢。 2. 与带电线路保持足够的安全距离。 3. 杆上作业时，杆下禁止人员逗留。 4. 杆上传递工器具、材料必须使用绳索，禁止抛投。 5. 使用竹梯时要有专人扶梯，防止竹梯下滑	
5	登杆先拆除T接的下引线相线、后拆除中性线			
6	拆除电能表			
7	检查杆上有无杂物			
8	登梯先拆除T接的下引线相线、后拆除中性线			
9	拆除电能表			
10	用绳索将电能表传下			
11	用绳索将相关材料传下			
12	抄录电能表底数及参数			
13	清理工作现场，工作结束			

动态危险点：　　　　　　　　　控制措施：

小组负责人签名：_____

工作班成员签名：_____

低压设备检修作业分册

1 范围

本标准规定了 0.4kV 低压设备检修标准化作业的内容。

本标准适用于农村 0.4kV 及以下配电设备检修工作。

2 工作步骤

2.1 检修更换总刀闸以下设备。

2.1.1 现场宣读工作票，履行签名手续。

2.1.2 办理许可停电操作手续。

2.1.3 核对停电设备位置准确无误。

2.1.4 按停电操作票顺序逐项进行操作。

2.1.5 停电操作结束后，办理许可开工手续。工作负责人向全体工作人员交代工作任务和安全措施。

2.1.6 检修或更换有关设备。

2.1.7 检查设备各紧固件安装是否紧密。

2.1.8 检查设备制动是否灵活，并将设备置于断开位置。

2.1.9 检查工作地段设备上确无短路接地和遗留物品，并清理工作现场。

2.1.10 按操作票顺序逐相进行送电操作。

2.1.11 漏电保护器检修或更换后还应进行下列检测：

2.1.11.1 带负荷分、合开关 3 次不得误动作；

2.1.11.2 用试验按钮试跳 3 次，应正确动作。

2.1.11.3 各相用 1kΩ 左右试验电阻或 40～60W 白炽灯接地试跳 3 次，应正确动作。

2.1.12 履行工作终结手续，工作全部结束。

2.2 检修更换总刀闸及以上设备（供电站配合停电）。

2.2.1 提前向供电站提出停电申请。

2.2.2 和供电站一起到达工作现场。

2.2.3 现场宣读工作票，履行签名手续。

2.2.4 办理许可停电操作手续。

2.2.5 工作班按操作票顺序逐项进行停电操作，并做好安全措施。

2.2.6 供电站按操作票要求进行停电操作，并做好安全措施。

2.2.7 停电操作结束后，由供电站许可开工，并履行许可手续。

2.2.8 工作负责人向全体工作人员交代工作任务和安全措施。

2.2.9 检修或更换有关设备。

2.2.10 检查设备安装牢固，各接触点连接紧密。

2.2.11 检查设备制动是否灵活，并将设备置于分断位置。

2.2.12 检查工作地段设备上确无短路接地和遗留物品，并清理工作现场。

2.2.13 供电站按操作票程序进行送电操作。

2.2.14 工作班按操作票顺序逐相进行送电操作。

2.2.15 履行工作终结手续，工作全部结束。

2.3 工作终结离开时，锁好配电室门窗。

3　安全注意事项

3.1 外出工作注意交通安全，出车前检查车辆状况。

3.2 认真执行《农村低压电气化安全工作规程》。

3.3 严格落实现场安全措施。

3.4 工作现场不得有闲杂人等停留。

4　质量记录

本标准涉及的质量记录的名称、保管场所、保存期限、处置方法见附表 7 - 4。

附表 7 - 4　　　　　　　　质量记录一览表

序号	记 录 名 称	保管场所	保存期限	处置方法
1	低压设备检修作业卡	班组	1 年	销毁

低压设备检修作业卡

工作单位：_____   工作日期：_____年___月___日
工作地点：_____   作业卡审批人：_____

序号	作业项目内容	危险点	预控措施	执行情况（√）
1	核对设备名称			
2	检查现场安全措施是否采取到位			
3	检查工器具及材料是否齐备良好			
4	拆除检修（更换）设备上的电气连接点（并对二次线做标记）			
5	拆除检修（更换）设备上的固定螺丝，并取下设备			
6	检查检修（更换）的设备是否符合要求	人身触电	1. 开始工作前必须检查安全措施确已采取到位；2. 工作人员应站在干燥的绝缘垫上进行工作	
7	安装已检修（更换）的设备			
8	检查设备确已安装牢固			
9	分别连接设备上各部分的电气连接点			
10	检查各电气连接点紧固（检查二次线接线正确）			
11	检查设备上确无遗留物，并对设备进行分合试验操作两次（开关）			

序号	作业项目内容	危险点	预控措施	执行情况 （√）
12	清理工作现场，结束 工作			
动态危险点：			预控措施：	

小组负责人签名：＿＿＿＿＿＿＿

工作班成员签名：＿＿＿＿＿＿＿＿＿＿＿＿＿

低压下户线检修作业分册

1 范围

本手册规定了 0.4kV 线路下户线检修作业的工作程序及步骤等内容。

本手册适用于 0.4kV 线路下户线检修工作。

2 工作步骤

2.1 落实工作现场安全措施，装设围栏。

2.2 检查现场安全技术措施是否符合现场作业安全要求，保证一人工作，一人监护。

2.3 开始工作。

2.3.1 检查杆基、杆体、登高工器具。

2.3.2 工作负责人监护停电、验电。

2.3.3 在验明线路确无电压后，在工作地段挂低压短路接地线。

2.3.4 上杆作业、拆除旧下户线（先拆相线、后拆中性线）。

2.3.5 安装新下户线（先安装表箱端）。

2.3.6 杆上进行下户线固定。

2.3.7 分清相、零线进行下户线搭头（先搭接中性线、后搭接相线）。

2.3.8 清理杆上扎线等扎物。

2.3.9 清理工作现场。

2.3.10 拆除接地线、安全围栏。

2.3.11 对设备恢复供电，工作人员撤离现场。

3 记录

本标准涉及的记录名称、保管场所、保存期限、处置方法见附表 7-5。

附表 7-5　　　　　　**质量记录一览表**

序号	记 录 名 称	保管场所	保管期限	处置方式
1	低压下户线检修作业卡	班组	1 年	销毁

低压下户线检修作业卡

工作单位：_____　　工作日期：_____年___月___日

工作地点：_____　　作业卡审批人：_____

序号	作业项目内容	危险点	预控措施	执行情况（√）
1	核对线路名称及杆号，检查杆根及拉线是否牢固			
2	检查工具、材料是否良好			
3	上杆拆除旧下户线，（先拆相线、后拆中性线）			
4	拆除进表线			
5	重新安装电能表进线至下户线第一支撑点	高处坠落	上下杆和杆上工作不得失去安全带和后备保险绳的保护	
6	杆上进行下户线固定			
7	分清相、中性线后，依次搭接下户引流线（先搭接中性线、后搭接相线）。（复诵）			
8	检查接线是否正确。（复诵）			
9	清理工作现场，结束工作			

动态危险点：　　　　　　　　　　预控措施：

小组负责人签名：_____

工作班成员签名：_____

0.4kV 电缆架空、地埋作业分册

1 范围

本手册规定了 0.4kV 低压电缆架空、地埋敷设现场作业的工作程序步骤等内容。

本手册适用于 0.4kV 低压电缆架空、地埋敷设作业。

2 0.4kV 低压电缆架空项目

2.1 低压电缆架空（见附表 7-6）

附表 7-6　　　　　　低压电缆架空

序号	制 作 项 目	序号	制 作 项 目
1	选择电缆、钢绞线	6	放、挂电缆
2	运输电缆、钢绞线	7	剥绝缘层，做电缆头
3	固定支架及线盘	8	搭"T"接、接引线
4	固定铁附件	9	摘除紧线器
5	放紧钢绞线		

2.2 低压电缆地埋（见附表 7-7）

附表 7-7　　　　　　低压电缆地埋

序号	制 作 项 目	序号	制 作 项 目
1	选择走径	7	回填
2	选择电缆	8	穿保护管
3	运输电缆	9	上电缆包箍、固定电缆
4	固定支架及线盘	10	剥绝缘层、做电缆头
5	放电缆	11	搭"T"接、接引线
6	铺沙、盖板	12	核对相序

3 施工步骤

3.1 电缆架空的施工步骤。

3.1.1　支线盘：线盘应安放在地势相对平稳的地方，支好并保持线盘平稳。

3.1.2　工作人在坚固的墙壁上固定铁附件，并将做好头的钢绞线挂在悬挂点上，并向工作负责人汇报。

3.1.3　将中间支撑的铁附件固定在坚固的墙壁上，挂好铜绞线，并向工作负责人汇报。

3.1.4　将终端的铁附件固定在坚固的墙壁上，并向工作负责人汇报。

3.1.5　接到收紧钢绞线的命令，先将钢绞线拉起比印。

3.1.6　按比好的印将钢绞线的头做好，并挂好花兰螺丝，接到收紧指令后，将钢绞线收紧。

3.1.7　将电缆按钢绞线的走径放开。

3.1.8　将滑轮挂在紧好的钢绞线上，将电缆挂入滑轮内，绑好牵引绳。

3.1.9　用绳拉动滑轮，工作人员逐步挂好电缆挂钩。

3.1.10　电缆挂好后，解开小绳，取下滑轮。

3.2　电缆地埋的施工步骤。

3.2.1　根据电缆走径开挖电缆沟。

3.2.2　支线盘：线盘应安放在地势相对平稳的地方，支好并保持线盘平稳。

3.2.3　组织人员按电缆沟的走径将电缆放开，并放入电缆沟内。

3.2.4　检查好电缆两端余度无误后，用沙将电缆埋平。

3.2.5　沙上用砖铺平保护好后，将电缆沟回填。

3.2.6　将电缆受电侧和设备连接并固定好。

3.2.7　将电缆供电侧于设备连接并固定好。

3.2.8　工作结束后，清理施工现场，工器具、材料装车。

4　记录

本标准涉及的记录的名称、保管场所、保存期限、处置方法见附表 7-8。

附表 7-8 　　　　　　　　　　质量记录一览表

序号	记 录 名 称	保管场所	保存期限	处置方法
1	0.4kV 电缆架空、地埋作业卡	班组	1 年	销毁

0.4kV 电缆埋设作业卡

工作单位：_____　工作日期：_____年___月___日

工作地点：_____　作业卡审批人：_____

序号	作业项目内容	危险点	预控措施	执行情况（√）
1	开挖电缆沟	破坏地下设施、伤人	1. 开挖前必须明确地下设施实际位置，做好防范措施，组织外来人员时应交代清楚并加强监护； 2. 挖掘过程中碰到地下物体，不得擅自破坏，要验明清楚后再进行； 3. 在电缆路径上挖掘，不得使用尖镐，要使用铁锹，防止破坏电缆； 4、挖掘前，现场应做好明显标志或围栏，挖出的土堆起的斜坡上不得放置工具、材料等杂物，沟边应留有通道； 5. 在松软土层挖沟应有防止塌方措施，禁止由下部掏挖土层； 6. 在居民区及交通要道附近挖沟时应设沟盖，夜间挂红灯	
2	支好电缆盘	电缆盘倾倒伤人	1. 电缆盘应有专人看守，电缆盘滚动时禁止用手制动； 2. 电缆盘应放置在平稳的地面上，不得倾斜，放线架应稳固、转动灵活、制动可靠，放电缆时电缆盘前端不得有人逗留	

续表

序号	作业项目内容	危险点	预 控 措 施	执行情况（√）
3	敷设电缆	人员绊伤、摔伤、传动挤伤	1. 缆沟边应修有人工牵引电缆的平整通道； 2. 电缆需要穿入过道管时，过道管应预敷设牵引线； 3. 扛电缆的人应在电缆同一侧，合理地分配肩扛点距离，禁止把电缆放在地面上拖拉； 4. 电缆穿入保护管时，送电缆人的手与管口应保持一定距离； 5. 敷设电缆保护盖板时，运板人员与接板人员注意轻接轻放	
4	核对电缆与电源点相序			
5	电缆头搭接			
6	电缆沟铺沙			
7	电缆沟盖砖			
8	电缆沟回填			
9	清理工作现场，结束工作			
动态危险点：			控制措施：	

小组负责人签名：_____

工作班成员签名：_____

0.4kV 刀闸安装与更换作业分册

1　范围

本标准规定了 0.4kV 低压刀闸安装与更换的作业步骤、安全注意事项等内容。

本标准适用于 0.4kV 及以下刀闸安装、更换工作。

2　工作步骤

2.1　更换总刀闸以下设备。

2.1.1　现场宣读工作票，履行签名手续。

2.1.2　办理许可停电操作手续。

2.1.3　核对停电设备位置准确无误。

2.1.4　按停电操作票顺序逐项进行操作。

2.1.5　停电操作结束后，办理许可开工手续。工作负责人向全体工作人员交代工作任务和安全措施。

2.1.6　检修或更换有关设备。

2.1.7　检查设备各紧固件安装是否紧密。

2.1.8　检查设备制动是否灵活，并将设备置于断开位置。

2.1.9　检查工作地段设备上确无短路接地和遗留物品，并清理工作现场。

2.1.10　按操作票顺序逐相进行送电操作。

2.1.11　漏电保护器检修或更换后还应进行下列检测：

2.1.11.1　带负荷分、合开关 3 次不得误动作；

2.1.11.2　用试验按钮试跳 3 次，应正确动作。

2.1.11.3　各相用 1kΩ 左右试验电阻或 40～60W 白炽灯接地试跳 3 次，应正确动作。

2.1.12　履行工作终结手续，工作全部结束。

2.2　检修更换总刀闸及以上设备（供电站或中心供电所配合停电）。

2.2.1　提前向供电站提出停电申请。

2.2.2 和供电站或中心供电所一起到达工作现场。

2.2.3 现场宣读工作票，履行签名手续。

2.2.4 办理许可停电操作手续。

2.2.5 工作班按操作票顺序逐项进行停电操作，并做好安全措施。

2.2.6 供电站或中心供电所按操作票要求进行停电操作，并做好安全措施。

2.2.7 停电操作结束后，由供电站许可开工，并履行许可手续。

2.2.8 工作负责人向全体工作人员交代工作任务和安全措施。

2.2.9 检修或更换有关设备。

2.2.10 检查设备安装牢固，各接触点连接紧密。

2.2.11 检查设备制动是否灵活，并将设备置于分断位置。

2.2.12 检查工作地段设备上确无短路接地和遗留物品，并清理工作现场。

2.2.13 供电站或中心供电所按操作票程序进行送电操作。

2.2.14 工作班按操作票顺序逐相进行送电操作。

2.2.15 履行工作终结手续，工作全部结束。

2.3 工作终结离开时，锁好配电室门窗。

3 安全注意事项

3.1 外出工作注意交通安全，出车前检查车辆状况。

3.2 认真执行《国家电网公司电力安全工作规程（电力线路部分）》。

3.3 严格落实现场安全措施。

3.4 工作现场不得有闲杂人等停留。

4 质量记录

本标准涉及的质量记录的名称、保管场所、保存期限、处置方法见附表 7-9。

附表 7 - 9 　　　　质量记录一览表

序号	记 录 名 称	保管场所	保存期限	处置方法
1	0.4kV 刀闸更换作业卡	班组	1 年	销毁
2	0.4kV 刀闸安装作业卡	班组	1 年	销毁

0.4kV 刀闸更换作业卡

工作单位：＿＿＿＿＿＿＿＿＿　　工作日期：＿＿＿年＿＿月＿＿日

工作地点：＿＿＿＿＿＿＿＿＿　　作业卡审批人：＿＿＿＿＿＿＿

序号	作业项目内容	危险点	预控措施	执行情况（√）
1	核对线路名称及杆号，检查杆根及拉线是否牢固			
2	检查工具、材料及是否良好			
3	进行新刀闸调整及附件安装，并做分合操作试验			
4	作业人员登上杆塔，拆除原刀闸连接的上下引线	1. 高空坠落 2. 物体打击 3. 人身触电	1. 登杆前应先检查杆根和登杆工具及脚钉。 2. 工作人员必须使用安全带和戴好安全帽，安全带及后备保险绳应系在电杆及牢固的构件上，防止被锋利物割伤	
5	拆除原刀闸			
6	安装新刀闸，应排列整齐，不得左右转动		使用工具、材料用绳索传递，杆上人员应防止掉东西	
7	连接新刀闸的上下引线，接点必须可靠牢固		工作开始以前必须确认现场安全措施	
8	检查新刀闸的安装是否符合施工和运行要求（复诵）			
9	清理工作现场，结束工作			

动态危险点：　　　　　　　　　预控措施：

小组负责人签名：＿＿＿＿＿＿＿

工作班成员签名：＿＿＿＿＿＿＿

0.4kV 低压刀闸安装作业卡

工作单位：＿＿＿＿＿＿＿＿　工作日期：＿＿＿＿年＿＿月＿＿日

工作地点：＿＿＿＿＿＿＿＿　作业卡审批人：＿＿＿＿＿＿＿＿

序号	作业项目内容	危险点	预控措施	执行情况（√）
1	检查施工用工器具、材料是否合格			
2	对低压刀闸进行调整及附件安装，并对瓷件进行擦拭			
3	进行搭接熔丝并进行分、合操作试验			
4	检查杆根及拉线			
5	对登高工具及安全带进行冲击试验			
6	工作人员登杆并选择合适工作位置		1. 上、下杆时，必须系好安全带，随时调整脚扣。2. 杆上作业、转位时不应失去安全带的保护	
7	安装横担铁附件及绝缘子			
8	安装低压刀闸			
9	连接低压刀闸的上下引线	1. 高空坠落 2. 物体打击	1. 杆上人员组装时，杆下严禁站人。2. 用绳索传递工具、材料时，应绑扎牢固，上下传递时，应缓慢起吊，防止损伤材料	
10	检查低压刀闸的安装是否符合施工及运行要求（复诵）			
11	检查杆上有无遗留物，清理工作现场，结束工作			

动态危险点：　　　　　　　　　　控制措施：

小组负责人签名：＿＿＿＿＿＿＿

工作班成员签名：＿＿＿＿＿＿＿＿＿＿＿

0.4kV 线路放、紧线作业分册

1　范围

本手册规定了 0.4kV 配电线路裸线和绝缘线放、紧线现场作业的工作程序步骤等内容。

本手册适用于 0.4kV 线路放、紧线作业。

2　现场准备

2.1　工作时必须穿合格的工作服、绝缘鞋，戴安全帽，杆上作业应系好安全带。

2.2　工作前应办理工作票或施工作业票，并得到许可手续后。向全体施工人员交代现场安全措施、危险点控制程序及工作中的技术要求等。

2.3　开工前，组织人员召开班前会，对人员进行合理分工，做好工程开工前的准备工作。

2.4　对工程所需材料进行外观检查及电气试验。

2.5　工器具应做好荷重试验及外观检查。

3　施工步骤

3.1　支线盘：线盘应安放在地势相对比较平稳的地方，支好后应使线盘保持平衡。

3.2　紧线人员登杆，挂好紧线滑轮，并用绳绑好导线，使之穿过滑轮。在放线过程中同时组装悬式绝缘子，并准备好紧线工具。

3.3　放线人员把导线拉到直线杆时，杆上人员应引导导线穿过滑车，依此类推，直至终端杆。

3.4　导线拉到终端杆后，挂线人员蹬杆，按要求组装终端杆上的金具等，并挂好导线。

3.5　挂线人员挂好线后，向工作负责人汇报，由工作负责人向紧线人员下达紧线命令。

3.6　紧线人员接到紧线命令后，用人力拉起导线，导线拉到一定程度后，使用紧线器进行紧线。在紧线过程中应根据要求及弧垂观测人员的标准，进行弧垂调整。当弧垂达到标准后，紧线人员应将导线与悬瓶连接，并取下紧线器。

3.7　当紧线人员固定好导线后，放线人员应将导线从滑车取出，放进针瓶顶槽内，并用扎线按要求绑扎导线。

3.8　紧线结束后，应取下杆上紧线工具和滑轮。

4　现场工作结束

4.1　工作结束后，清理施工现场，工器具、材料装车。

4.2　全体工作人员撤离工作现场，工作负责人填写记录，电话汇报工作结束。

4.3　结束工作票。

4.4　召开班后会。

5　质量记录

本标准涉及的质量记录的名称、保管场所、保存期限、处置方法见附表 7 - 10。

附表 7 - 10　　　　　　质量记录一览表

序号	记 录 名 称	保管场所	保存期限	处置方法
1	0.4kV 线路放、紧线作业卡	班组	1 年	销毁

0.4kV 线路放、紧线作业卡

工作单位：_____　　工作日期：_____年___月___日
工作地点：_____　　作业卡审批人：_____

序号	作业项目内容	危险点	预控措施	执行情况（√）
1	工作人员检查杆塔基础牢固，金具、绝缘子、铁附件、拉线安装已符合放紧线要求			
2	检查工具、材料是否良好			
3	清除放线沿线的障碍物			
4	支好导线盘	线盘倾倒	1. 放线盘应有专人看守。 2. 线盘应放置在平稳的地面上，不得倾斜，放线架应稳固、转动灵活、制动可靠，放线时线盘前端不得有人逗留	
5	作业人员登杆，挂好放线滑轮	倒杆跑线	1. 紧、放线工作应设专人指挥，统一信号，并保证信号畅通。 2. 工作前应先检查拉线、拉桩及桩根，若不符合施工要求时应加设临时拉线。 3. 收紧导线应使用试验合格、与导线型号相符的紧线工具，被紧导线与绳索或钢丝绳应连接可靠，连接处导线不得有断股或损伤。	
6	逐基进行放线并穿过滑轮，依此类推，直至终端杆			
7	挂线人员登上终端杆，挂好导线			
8	检查导线无挂住、卡住现象			
9	用人力或机械拉起导线，导线拉起到一定程度后，杆上人员安装紧线器（复诵）			
10	紧线，同时在耐张段内设点观察弧垂			
11	进行弧垂调整，达到设计要求			

续表

序号	作业项目内容	危险点	预 控 措 施	执行情况（√）
12	将导线与耐张线夹固定，并取下紧线器	倒杆跑线	4. 交叉跨越各种线路、铁路、公路，应先取得主管部门的同意，做好安全措施，并有专人持信号旗看守，传递信号必须及时、清晰。	
13	将耐张段内其他电杆上的导线从滑轮中取出，绑扎固定在瓷瓶上		5. 放线时，若导线被滑轮卡住，应使用工具处理，不得用手直接处理。 6. 紧线时，紧线工具后尾线应采取固定措施，耐张线夹未挂好前，禁止剪断尾线，其他杆上作业人员不得跨在导线上或站在导线内侧。	
14	取下杆上紧线工具和滑轮		7. 严禁使用车辆辅助紧线工作	
15	施工完毕，检查导线架设是否符合施工和运行要求			
16	清理工作现场，结束工作			

动态危险点：

预控措施：

小组负责人签名：＿＿＿＿＿＿＿＿

工作班成员签名：＿＿＿＿＿＿＿＿＿＿＿＿＿＿

0.4kV 线路弧垂调整作业分册

1 范围

本手册规定了 0.4kV 线路调弧垂作业的工作程序及步骤等内容。

本手册适用于 0.4kV 线路调弧垂工作。

2 现场准备

2.1 工作前需办理工作许可手续，工作负责人向全体工作人员交代现场安全措施及危险点控制措施。

2.2 工作前对工作成员进行合理分工。

3 工作步骤

3.1 落实工作现场安全措施，装设围栏

3.2 检查现场安全技术措施是否符合现场作业安全要求，保证一人工作，一人监护。

3.3 开始工作。

3.3.1 检查杆基、杆体。

3.3.2 工作负责人监护停电、验电。

3.3.3 在验明线路确无电压后，在工作地段挂低压短路接地线。

3.3.4 上杆作业、解开绝缘子扎线。

3.3.5 安装紧线器、做好紧线准备。

3.3.6 进行紧线作业，防止导线被绝缘子卡住。

3.3.7 观测弧垂使导线调至平行。

3.3.8 扎好导线回头。

3.3.9 拆除紧线器

3.3.10 扎好工作地段绝缘子扎线。

3.3.11 清理杆上扎线等扎物。

3.3.12 清理工作现场。

3.3.13 拆除接地线、安全围栏。

3.3.14 对设备恢复供电，工作人员撤离现场。

4 质量记录

本标准涉及的质量记录的名称、保管场所、保存期限、处置方法见附表 7 - 11。

附表 7 - 11　　　　　　　　质量记录一览表

序号	记 录 名 称	保管场所	保存期限	处置方法
1	0.4kV 线路弧垂调整作业卡	班组	1 年	销毁

0.4kV 线路弧垂调整作业卡

工作单位：_____   工作日期：_____年____月____日

工作地点：_____   作业卡审批人：_____

序号	作业项目内容	危险点	预控措施	执行情况（√）
1	核对线路名称及杆号，检查杆根、拉线是否牢固。必要时应补打临时拉线			
2	作业人员登杆，选择适当的作业位置后系好安全带，并检查金具连接情况	防高空坠落	1. 上杆前认真检查杆根及拉线。2. 登杆过程中应全程使用安全带和戴好安全帽，安全带应系在牢固的构件上，防止被锋利物割伤。3. 站立合适位置后应系好二次保险绳	
3	解开引流过桥连接			
4	地面配合人员将紧线器、钳头及紧线器辅助工具检查后依次吊给杆上人员			
5	杆上作业人员将紧线器一端固定在横担上，在钳头导线固定位置按照导线铰向缠绕铝包带，将钳头端卡在导线上，并检查紧线器连接是否牢固。同时加装好二次保险绳套（复诵）	导线脱落	1. 工作前必须装设好二次保险绳套。2. 杆上人员应平稳工作，并注意各受力点。3. 杆下人员应对工作进行密切监护。4. 收紧导线后，重新固定连接导线后方可解除紧线器	
6	作业人员收紧紧线器，使用紧线器进行弧垂调整，达到设计要求			
7	重新固定导线，并取下紧线器			

序号	作业项目内容	危险点	预控措施	执行情况（√）
8	施工完毕，检查弧垂调整是否符合施工及运行要求			
9	搭接引流过桥线			
10	清理工作现场，结束工作			
动态危险点：			控制措施：	

小组负责人签名：＿＿＿＿＿＿

工作班成员签名：＿＿＿＿＿＿＿＿＿＿＿＿＿＿＿

参 考 文 献

［1］国家电网公司农电工作部. 农村供电所人员上岗培训教材. 北京：中国电力出版社，2007

［2］电力行业职业技能鉴定指导中心. 农网配电营业工. 北京：中国电力出版社，2007

［3］电力行业职业技能鉴定指导中心. 抄表核算收费员（第二版）. 北京：中国电力出版社，2008

［4］电力行业职业技能鉴定指导中心. 配电线路（第二版）. 北京：中国电力出版社，2008

［5］国家电力公司法律事务部. 电力法及配套规定汇编. 北京：中国电力出版社，2001

［6］陕西省电力公司营销部. 营销业务知识问答. 北京：中国电力出版社，2012